创新型素质教育精品教材

新编安全教育教程

主审　吴昌松
主编　肖治平　王玉合　廖　斌

镇　江

内 容 提 要

本书共 7 个模块，具体内容包括“人身财产　安全至上”“意外突发　冷静应对”“安全出行　平安回家”“网海无涯　安全航行”“学习就业　安全为先”“健康卫生　急救先行”“自然灾害　沉着应对”。

本书内容实用，案例丰富，通俗易懂，集理论性、实践性于一体，可作为各类院校的安全教育教材。

图书在版编目（CIP）数据

新编安全教育教程 / 肖治平，王玉合，廖斌主编. 镇江 : 江苏大学出版社，2024. 7. -- ISBN 978-7-5684-2247-5

Ⅰ. X925

中国国家版本馆 CIP 数据核字第 2024YN1053 号

新编安全教育教程

Xinbian Anquan Jiaoyu Jiaocheng

主　　编 / 肖治平　王玉合　廖　斌
责任编辑 / 梁宏宇
出版发行 / 江苏大学出版社
地　　址 / 江苏省镇江市京口区学府路 301 号（邮编：212013）
电　　话 / 0511-84446464（传真）
网　　址 / http://press.ujs.edu.cn
排　　版 / 北京时代华都印刷有限公司
印　　刷 / 北京时代华都印刷有限公司
开　　本 / 787 mm×1 092 mm　1/16
印　　张 / 12
字　　数 / 256 千字
版　　次 / 2024 年 7 月第 1 版
印　　次 / 2024 年 7 月第 1 次印刷
书　　号 / ISBN　978-7-5684-2247-5
定　　价 / 42.00 元

如有印装质量问题请与本社营销部联系（电话：0511-84440882）

前　言

随着我国校园的开放性逐渐增加，校园周边的环境日益复杂，各种安全问题和治安问题日渐增多。学生是祖国的未来、民族的希望，同时也是安全防护的弱势群体，其自我防范意识和自我保护能力较弱。为了保障学生的人身财产安全，确保学生能顺利完成学业，学校必须重视对学生的安全教育。

本书旨在使广大学生增强自我保护的意识和能力，牢固树立生命高于一切的理念。在编写过程中，我们对学校学生面临的安全问题和学生的学习特点、阅读习惯等进行了充分调研，决定采用案例和图画结合的方式来讲解相关安全知识。具体来说，本书具有以下特色。

1．立德树人，同向同行

党的二十大报告指出："育人的根本在于立德。"本书积极贯彻党的二十大精神，秉承能力教育与素质教育同向同行的理念，将素质教育的思想潜移默化地融入安全知识讲解。例如，在"情景案例"和"案例点评"中，通过对案例的分析与点评，着重培养学生的安全防范意识。又如，在每个模块前设置"素质目标"，在正文中穿插"素养之窗"，旨在培养学生树立正确的世界观、人生观、价值观，使学生在增强安全能力的同时提升人文素养。

2．内容全面，编排合理

本书内容涉及学生学习和生活的方方面面，为学生提供了全方位的安全教育知识。同时，本书也摈弃了一些距离学生实际生活较远或不具备普遍意义的安全教育内容，突出了实用、够用的特点。

3．理念新颖，形态多样

本书采用模块化结构，每个模块包括 2～3 个学习单元，以“模块导读”“学习目标”“情景案例”“要点回顾”“学习检验”“学以致用”“学习评价”等形式展开，通过通俗易懂的语言来全面、细致地讲解安全知识。

- **模块导读、学习目标：** 帮助学生明确本模块需要学习的内容，以及需要达到的知识目标和素质目标。
- **情景案例：** 通过一些故事或案例来引出将要讲解的知识，激发学生的学习兴趣。
- **要点回顾：** 通过思维导图来引导学生回顾本模块的知识并加深理解。
- **学习检验：** 通过不同形式的习题来考查学生的学习效果，让学生巩固所学知识。
- **学以致用：** 设置形式活泼的安全实践活动，达到“做中学、学中做”的教学效果，加强学生对安全知识的理解和运用。
- **学习评价：** 通过表格的形式，分别从知识、技能、素养三个方面对学生的学习成果进行评价，学生可据此查漏补缺。

4．栏目丰富，增趣添彩

本书设置了“法律法规”“案例点评”“安全贴士”“互动空间”等小模块。这些小模块具有较强的实用性、指导性、警示性和趣味性，不仅可以提升学生的阅读体验，而且能帮助学生更好地理解安全知识，掌握安全技能。

5．图文并茂，生动直观

本书用形象、生动的图画来展示校园安全危机的类型、预防与应对措施等，这不仅可以让学生更加直观地理解相关知识，还可以增强教材的可读性。

6．数字资源，混合驱动

本书配有丰富的数字资源，读者可以借助手机或其他移动设备扫描二维码观看微课视频，也可以登录文旌综合教育平台“文旌课堂”查看和下载配套资源，如教学课件、参考答案等。

此外，本书还提供在线题库，支持“教学作业，一键发布”。教师通过微信或“文旌课堂”App 扫描扉页二维码，即可迅速选题、一键发布、智能批改，

并查看学生的作业分析报告，提升教学体验，提高教学效率。学生可在线完成作业，巩固所学知识，提高学习效率。

本书由吴昌松担任主审，肖治平、王玉合、廖斌担任主编，段宜虎、郝邵华、谭朝晖、谢正余、王永庚、胡辉、章拥军、王昶明、谷荣茂、藤波、罗健桦、刘人初担任副主编。由于编者水平有限，书中难免存在疏漏或不妥之处，诚请广大读者批评指正。

特别说明：

（1）本书在编写过程中，参考了大量资料并引用了部分文章和图片。这些引用的资料大部分已获授权，但由于部分资料来自网络，我们暂时无法联系到原作者。对此，我们深表歉意，并欢迎原作者随时与我们联系，我们将按规定支付稿酬。

（2）本书所选案例均来源于真实事件，但为了避免引起误会，部分人物使用了化名。

（3）本书没有注明资料来源的案例均为编者根据真实事件改编。

本书配套资源下载网址和联系方式

网址：https://www.wenjingketang.com

电话：400-117-9835

邮箱：book@wenjingketang.com

编委会

主　审　吴昌松

主　编　肖治平　王玉合　廖　斌

副主编　段宜虎　郝邵华　谭朝晖

谢正余　王永庚　胡　辉

章拥军　王昶明　谷荣茂

藤　波　罗健桦　刘人初

目录

模块一　人身财产　安全至上

模块导读

学生在校园内外有时会遇到危害人身财产安全的事件。学校应加强安全教育，并加强制度管理，提高学生对此类事件的预防和处理能力。本模块主要讲解学生如何在校园内外保障自己的人身安全和守护自己的财产安全。

学习目标

知识目标

- 掌握校园欺凌、性侵害等的预防与应对措施。
- 掌握色情、赌博、毒品的危害及其预防措施。
- 掌握盗窃、抢夺、抢劫、诈骗的预防与应对措施。
- 掌握不良“校园贷”的预防与应对措施。

素质目标

- 增强保障个人人身财产安全的意识，提升综合素质。
- 树立正确的人身财产安全观，遵纪守法。

单元一　保障人身安全

情景案例——生命至上，远离欺凌与诱惑

案例 1　某校学生宿舍内，张某带头讥讽、调侃小黄，小黄不敢反抗，也一直没有向他人提起此事。于是，张某等人变本加厉，心情稍有不好，便拿小黄撒气。有一次，张某因小黄给他带的饭菜不合口味，便对小黄拳脚相加。小黄忍无可忍，便将长期受到欺凌一事告知父母和班主任。最终，张某被开除学籍。

案例 2　某校学生小淑被同学王某以出去玩的名义诱骗出学校后，被杜某、袁某、闫某等多人控制。闫某强行将小淑押上一辆轿车，把她带至一家洗浴中心并将其强奸。事发两天后，小淑的父亲发现女儿情绪反常，询问后获悉此事，立即报警。

案例 3　学生李某因赌博输了钱而盗窃，赃款达 8 万元；学生郭某在赌博输了钱后，纠集同伴将学生龚某的 300 元钱抢走，更使其受伤而死；学生张某因为赌博输了钱，在光天化日之下从银行柜台抢夺现金数千元；学生夏某为了搞到购买海洛因的钱，与其弟拦路抢劫，杀死了一名路人。

校园欺凌、性侵害、“黄赌毒”严重危害了学生的人身安全，也破坏了校园正常的学习和生活秩序，成为学生健康成长的安全隐患。

请思考：你听说过类似的人身伤害事件吗？从这些事件中，你得到了哪些启示？

校园欺凌、性侵害、“黄赌毒”的存在打破了校园应有的宁静。学生应充分了解各种侵害人身财产安全的行为的特征，增强自身的安全防范意识，防止相关事件的发生。

一、谨防校园欺凌

校园欺凌是指发生在校园内外，以学生为参与主体的攻击性行为。欺凌者往往通过单次或多次蓄意或恶意的肢体、语言及网络等手段欺负、侮辱受害者，造成受害者身体受伤或精神受损等。校园欺凌会给学生的学习和生活造成很大的困扰。

（一）校园欺凌的主要类型

1．身体欺凌

身体欺凌是最直接和最明显的欺凌方式，包括拳打脚踢、扇耳光等攻击性行为。此外，使用管制刀具、棍棒等器械攻击受害者也属于身体欺凌。

2．语言欺凌

语言欺凌是指用语言嘲笑、谩骂、诋毁他人，给他人起侮辱性绰号等行为。语言欺凌不容易被察觉，但伤害性极大，是一把伤害学生的“软刀子”。

3．社交欺凌

社交欺凌是指通过排斥、孤立受害者或破坏受害者在社会群体中的地位和关系来实施欺凌的行为。社交欺凌不直接涉及身体接触或明显的暴力行为，但同样能对受害者造成严重的心理伤害。

4．网络欺凌

网络欺凌是指通过网络以文字、图片、音视频等形式实施侮辱、诽谤、威胁等欺凌行为。在信息时代，网络欺凌越来越多，对受害者的影响也越来越大。

（二）校园欺凌的后果

1．欺凌者受到法律制裁

学生实施校园欺凌后，轻则赔偿医药费和被学校处分（一般为留校察看或开除学籍），重则受到治安处罚（轻微违法，不构成犯罪）或刑事处罚（严重违法，构成犯罪）。

2. 受害者遭受身心伤害

校园欺凌不仅会对学生造成身体上的伤害，如严重者致残疾等，还会对学生造成心理上的伤害，如使学生产生消极、抑郁、恐惧心理，甚至产生自残、自杀等倾向。

法律法规

《中华人民共和国刑法》第二百三十四条规定："故意伤害他人身体的，处三年以下有期徒刑、拘役或者管制。

犯前款罪，致人重伤的，处三年以上十年以下有期徒刑；致人死亡或者以特别残忍手段致人重伤造成严重残疾的，处十年以上有期徒刑、无期徒刑或者死刑。本法另有规定的，依照规定。"

（三）校园欺凌的预防

1. 和善待人，团结同学

学生在日常生活中应和善待人，不欺负人，不侮辱人，不随便占人便宜，以免因结仇而遭到报复；同时还应团结同学（见图 1-1），这不仅可以减少与同学之间的摩擦，而且在危机来临时，还能得到他们的帮助。

如何避免校园欺凌

图 1-1　团结同学

2. 慎重交友，低调行事

“近朱者赤，近墨者黑。”此言深刻揭示了周围环境对人的影响很大。学生在结交朋友时，一定要有辨别能力，选择那些品德优良、积极向上的朋友为伴，并且注意保持低调，不公开显露自己的财物。

3. 树立安全防范意识，远离是非

学生应牢固树立安全防范意识，远离是非，避免因小事与同学产生纠纷，更不应因注重所谓“义气”而参与聚众斗殴，成为欺凌者的帮凶。

4. 遵守纪律，不入复杂场所

学生应遵守校规校纪，不在人少的地方逗留；同时，要尽量少涉足游戏厅、台球厅、网吧等公共娱乐场所，以保护自身安全。

（四）校园欺凌的应对

1. 保持冷静

在面对校园欺凌时，学生要保持冷静，不要与欺凌者发生冲突或争吵，避免让自己成为欺凌者的攻击目标。

2. 保存证据

如果校园欺凌已不可避免，学生应尽可能地保存证据，如使用录音、录像设备记录现场情况。如果遇到网络欺凌，学生可通过截图等方式保存相关聊天记录、帖子、评论等证据。

3. 向老师、同学及公安机关求助

在学校遭遇校园欺凌时，学生应向老师或同学求助。若校园欺凌已经造成了严重的后果或情况变得复杂，如受害者受重伤、欺凌者畏罪潜逃等，则应向当地公安机关报案，请求援助。

4. 用法律武器维权

学生要增强法律意识，在受到欺凌后要勇敢地站出来，用法律武器维护自己的正当权益。

互动空间

以小组为单位，自编自导自演，模拟一个校园欺凌事件发生的情景，演练受到校园欺凌后的各种应对措施。

二、防范性侵害

性侵害泛指一切与性相关且违反他人意愿，对他人做出与性有关的行为，如强奸、性骚扰等。性侵害的主要类型有暴力型性侵害、胁迫型性侵害、社交型性侵害和滋扰型性侵害。性侵害不仅危害学生的身体健康，而且会使学生的人格尊严受到侮辱，可能导致学生精神崩溃，甚至自残、自杀。

（一）性侵害的预防

1. 树立防范意识

当身处校内外各种活动场合时，学生要注意防范性侵害，提高自我保护的警觉性。对一些污言秽语和挑逗行为，学生应果断表明自己的排斥态度（见图 1-2），将性侵害扼杀在萌芽状态。

图 1-2　表明自己的排斥态度

2. 规范言行举止

在言行举止方面，学生要自尊自爱，不要与异性有过分亲密的行为；在公共社交场合，学生不要有轻佻、挑逗性言行，以免引起误解。

3. 注意外出时间与周围环境

学生应尽量避免在晚上外出，若确实有事必须外出，也应尽早返回。此外，夜间外出或夜间在校园内行走时最好结伴而行，且应选择行人较多、较明亮的道路。

4. 谨慎结交朋友

学生在与别人交往的过程中要谨慎，注意了解对方交往的目的，留意对方通过日常言行表现出来的道德修养。不要轻信任何人，不要单独跟新朋友去陌生的地方。

5. 慎重参加校外活动

学生应慎重参加校外社会实践或社交活动，如果必须参加，也要通过学校及有关部门去联系。在参加活动前，学生应对活动性质、活动对象等基本情况有大致的了解，不要贸然前往。

（二）性侵害的应对

1. 头脑清醒，控制情绪

当学生遭遇性侵害时，应保持头脑清醒、情绪稳定。无论遇到何种类型的性侵害，学生只有沉着镇定地分析当时的情况，才能迅速想到脱身和对付不法之徒的办法。

2. 明确意图，态度坚决

当别人企图对自己实施性侵害时，学生应适当且坚定地表明自己拒绝的态度和行为。

3. 正当防卫，远离伤害

当遭遇性侵害时，在保证生命安全的前提下，学生可采取一定的正当防卫措施，迫使不法之徒终止性侵害行为，同时为自己的逃脱或获救创造条件。

4. 及时报案，切勿拖延

遭遇性侵害后，学生要打消顾虑，保存好证据，及时向有关部门报案（见图 1-3），不要放任不法之徒逍遥法外。

图 1-3　及时向有关部门报案

5. 调整心态，不走极端

遭遇性侵害后，学生常会意志消沉、精神萎靡、心理负担加重。在这种情况下，学生应注意调整心态，不走极端，必要时可进行心理咨询，使自己尽快从阴影中走出来。

法律法规

《中华人民共和国刑法》第二百三十六条规定：“以暴力、胁迫或者其他手段强奸妇女的，处三年以上十年以下有期徒刑。

奸淫不满十四周岁的幼女的，以强奸论，从重处罚。

强奸妇女、奸淫幼女，有下列情形之一的，处十年以上有期徒刑、无期徒刑或者死刑：

（一）强奸妇女、奸淫幼女情节恶劣的；

（二）强奸妇女、奸淫幼女多人的；

（三）在公共场所当众强奸妇女、奸淫幼女的；

（四）二人以上轮奸的；

（五）奸淫不满十周岁的幼女或者造成幼女伤害的；

（六）致使被害人重伤、死亡或者造成其他严重后果的。”

三、远离“黄赌毒”

面对色情、赌博、毒品等诱惑，学生要增强安全防范意识，保持高度警惕，拒绝任何人以任何方式诱导、强迫自己从事与“黄赌毒”有关的活动。

（一）色情的危害及其预防

色情是一种以露骨和挑逗性表现为手段的内容，常常通过具体描绘性行为或者露骨宣扬色情淫秽内容的书刊、视频、音频、图片等来传播。青少年的许多性侵害和暴力行为，都来源于对低俗淫秽动作的模仿。

1. 色情的危害

色情不但危害学生的身心健康，而且可能使他们走上违法犯罪的道路。色情的危害具体表现在以下几个方面。

（1）学生若长期沉迷于色情，会变得萎靡不振，无法集中注意力学习，从而荒废学业。

（2）学生若长期接触色情信息，会形成错误的世界观、人生观、价值观，产生畸形心理。一些自制力差、意志薄弱的学生在被色情信息洗脑后，很可能会坠入性犯罪的深渊。

（3）一些有组织的犯罪分子会诱骗学生提供各种有偿性服务，这会严重威胁学生的人身安全。此外，少数学生还会因嫖娼而感染疾病、被拘留，亲手葬送自己的未来。

2. 色情危害的预防

为了预防色情的危害，学生应做到以下几个方面。

1）正确看待性

学生在青春期会对性产生强烈的好奇与冲动，这是正常的生理反应，不必刻意逃避或感到羞愧。学生可以通过阅读性知识科普书籍、参加学校组织的性知识讲座等，学习如何正确与异性相处。

2）正确使用网络

学生要文明上网，提高自制力，不通过网络观看淫秽色情视频、图片、文字等，养成健康的上网习惯。

3）培养健康的兴趣爱好

健康的兴趣爱好有益于学生的身心健康，能够帮助学生形成正确的世界观、人生观、价值观，使其远离色情的危害。

案例点评

某校学生张某在网上浏览信息时，无意间发现了一个色情网站，于是偷偷从该网站下载了几部色情电影观看。之后，张某越看越上瘾，竟然萌生了模仿色情电影中的情节的想法。很快，他盯上了同班同学小枣，对她实施了性侵。之后，受害者小枣在母亲的陪同下到公安机关报案。张某很快被抓获，并受到了法律的制裁。

点评 网络时代，学生自我约束和分辨是非的能力比较弱，容易因受到诱惑而走向犯罪。学校应加强对学生的教育，培养学生正确的世界观、人生观、价值观。

（二）赌博的危害及其预防

“赌”即赌博，是指利用赌具，以财物作为赌注，以占有他人利益为目的的违法犯罪行为。赌博对社会、家庭、个人的危害极大。若深陷赌博泥潭不能自拔，学生会遭受巨大的经济损失，给家庭带来灾难，同时葬送自己的前程。

赌博的形式多种多样，常见的有打麻将、掷骰子、轮盘赌等。

1. 赌博的危害

赌博能够潜移默化地对学生的身心产生影响，具体有以下危害。

1）荒废学业

赌博有一定的成瘾性，自制力较差的学生一旦陷入赌博泥潭，就很难逃脱。赌博前期获得的一些蝇头小利，容易使学生产生“赌博致富”的想法，让学生不思进取、荒废学业。

2）危害身心健康

学生在赌博时往往处于极度紧张的状态，长期如此，势必影响身体健康。

学生若经常熬夜赌博，容易产生消化系统和心脑血管疾病。

3）污染校园风气

学生赌博会给校园带来不劳而获、好逸恶劳、侥幸投机的不良风气，影响校园的良好氛围。

4）破坏人际关系

学生赌博时如果没有赌资，通常会向亲朋好友借钱，但借到钱后往往难以偿还。这无疑会破坏学生与他人之间的关系。现实中，参赌者因借钱与亲朋好友反目成仇的案例屡见不鲜。

5）诱发违法犯罪

学生的经济来源有限，一旦沾染赌博恶习，很可能为了还赌债实施诈骗、盗窃等违法活动。此外，赌博本身是违法的。学生参与赌博后一旦被抓，将会受到法律的严惩。

2. 赌博危害的预防

为预防赌博的危害，学生可以从以下几个方面做起。

1）筑起思想防线

学生应牢固树立“赌无大小，久赌必输”的思想，提高对赌博的免疫力。参赌者一开始都是为了寻求刺激或放松心情，之后便不知不觉染上了赌博的恶习。因此，学生只有看透了赌博的本质，提高思想认识，才能防微杜渐，远离赌博。

2）禁止校园赌博

学生应当意识到赌博的危害，不在校园内参与打麻将、炸金花等赌博活动。

3）树立远大理想

学生阶段是人生中重要的阶段，会对未来产生重要影响。学生应当珍惜校园时光，树立远大理想，发奋图强，将精力花费在学习科学文化知识上，努力提高自己的专业素质。

4）远离赌场和参赌者

学生要远离赌场，培养积极向上的兴趣爱好，参加健康文明的校园活动；不和参赌者保持密切关系，结交素质较高的朋友。

互动空间

以小组为单位，自编自导自演，模拟一个赌博情景，演练陷入赌博风波后如何自我脱险。

案例点评

某校学生小彬陆续通过网络借贷平台借款约30万元，将其用于网络赌球。“平时经常踢足球、打篮球，对各种球赛的结果猜得比较准”，出于这种心理，小彬经常在赌球网站上下注。刚开始在网上赌球时，小彬经常中奖，这给了他很大的信心，于是越赌越大。但是越往后，中奖的次数越少，很多次都是离中奖只差一点。当长时间不中奖时，又会突然中一次，让他重新燃起中奖的希望。久而久之，小彬便形成了“下一次一定能中”的心理。

点评 小彬自制力较弱，他在赌博过程中产生了侥幸心理，被牢牢套住。为了避免这种情况，学生要提高自制力，远离各种赌博活动，将精力用在一些有意义的事情上。

素养之窗

古人戒赌警则

一坏国法。朝廷禁民于赌博尤严，地方文武官长，不行查拿，均干议处；父母姑息，邻甲隐赌，俱有责惩。君子怀刑，虽安居无事，尚恐有无妄之灾，时时省惕。彼赌博场中有何趣味，而陷身于国法宪纲？以身试法，纵死谁怜？

二坏家教。父母爱子成立，叮咛告诫，志何苦也。为人子者，不能承命养志，而且假捏事端，眠宿赌钱，作此下贱之事，不知省悟，良可痛悼！故为子之道，凡事要视于无形，听于无声。若乃于父母教诲谆谆，全不悛改，背亲之训，不孝之罪，又孰甚焉？

三坏人品。人一赌博，便忘却祖宗门地，父兄指望，随处懒散，坐不择器，睡不择方，交不择人，衣冠不整，言语支离。视其神情，魂迷魄落，露尾藏头，绝类驿中乞丐，牢内囚徒。

四坏行止。赌场银钱，赢者耗散一空，全无实惠；输家毫厘不让，逼勒清还。输极心忙，妻女衣饰，转眼即去；亲朋财物，入手成灰。多方拐骗，渐成窃盗。从来有赌博盗贼之称，良非虚语。

五坏信义。好赌之人，机变百出，不论事之大小缓急，随口支吾，全无实意，以虚假为饮食，以哄脱作生涯，一切言行，虽妻子亦不相信。夫人至妻子不相信，是枉着人皮，尚可谓之人乎？他日虽有真正要紧之事，呕肝沥血之言，谁复信之？

（资料来源：石玉昆，《小五义》，岳麓书社，2019 年。有改动）

（三）毒品的危害及其预防

毒品是指鸦片、海洛因、冰毒、吗啡、大麻、可卡因以及国家规定管制的其他能够使人成瘾的麻醉药品和精神药品。根据来源不同，毒品可分为天然毒品、半合成毒品、合成毒品 3 个大类。

1. 毒品的危害

毒品对学生的危害体现在以下几个方面。

1）危害身心健康

毒品成瘾性强，很难戒除，对学生的身心健康危害很大。吸毒会导致吸毒者器官功能减退、身体免疫力下降，破坏吸毒者的生育能力，同时还会引起心理方面的疾病。

2）诱发违法犯罪

毒品往往需要用大量资金来购买，当资金不足时，吸毒者往往会通过偷、抢、骗，甚至杀人劫财来获取资金，从而走上违法犯罪的道路，如图 1-4 所示。

图 1-4 毒品诱发违法犯罪

3）感染疾病

静脉注射毒品容易使吸毒者患上感染性疾病，如化脓性炎症和肝炎等；此外还会增大吸毒者感染艾滋病的概率。

我国禁毒工作的方针

（1）四禁并举。“四禁”是指禁止吸食毒品、禁止贩运毒品、禁止种植毒品、禁止制造毒品。

（2）堵源截流。“源”是指毒源，即境外的毒品；“堵”是指堵住境外毒品进入我国境内的通道；“流”是指毒品的流通渠道；“截”是指将经过我国境内的毒品流通渠道截断，不让毒品扩散到国内。

（3）严格执法。这是我国打击毒品违法犯罪的基本原则。

（4）标本兼治。禁毒工作必须坚持治标、治本两手抓。

2．毒品危害的预防

为了预防毒品的危害，学生应做到以下几点。

（1）学生一定要时刻牢记“一朝吸毒，终生难戒”“一时不慎，痛悔一生”“一失足成千古恨”等忠告，克服侥幸心理，远离毒品。

（2）面对毒品的诱惑，学生要提高自制力。研究表明，大多数人第一

次吸毒都是被引诱的，并且都是被免费“请客”的。因此，学生一定要提高辨别能力和自制力，千万不要“自投毒网”。

（3）学生交友一定要有原则，不要滥交朋友。学生辨别能力有限，如果缺乏原则，就比较容易结交坏人，误入歧途。学生一旦与毒贩为友，往往难逃厄运。

案例点评

某校学生张某因吸毒、贩毒在家中被公安机关人员抓获。经审讯，张某交代，去年暑假她因好奇跟着朋友第一次吸毒，之后便上瘾并多次吸毒。由于自己还是学生，没钱购买毒品，张某便在朋友的建议下开始贩毒。公安机关表示，虽然张某的贩毒量不大，但其行为已经触犯法律，面临被判刑的后果。这对一个学生来说，代价非常大。

点评　张某因沾染毒品而走上了贩毒的道路，最终导致自己坠入违法犯罪的深渊。这说明，学生应谨慎结交朋友，并且深刻认识到毒品的危害，以避免悲剧的发生。

单元二　守护财产安全

情景案例——他们是如何被盗、被抢、被骗的

案例 1　某校学生黄某、李某等人在篮球场打球时将衣服放在一旁，打完球后发现衣服口袋里的手机被人偷走。

案例 2　学生徐某独自一人到校外吃饭，在一个偏僻的地方被 5 名歹徒抢走了现金 1 000 元和手机一部。徐某反抗时被歹徒用匕首捅伤，所幸因抢救及时而无生命危险。

案例 3　学生张某收到手机短信，被告知中了大奖 13 万元。张某虽怀疑这是骗局，但仍抵不住诱惑，按对方要求先后汇出公证费、转账费、税金等 8 000 元。直到仍未见对方兑现大奖，张某才确信上当受骗了。

案例 4　某校数名学生被诱骗贷款购买了手机。他们办完贷款购机手续后，不但没拿到手机，还背负了一身的欠款，总欠款额度达 10 万元。

由于校园人员多、流动性大，且学生相对自由，加上有时学校安全防范措施不到位，有的学生安全防范意识较差，因此校园盗窃、抢劫、诈骗等事件时有发生，导致学生的财产屡屡受侵。

请思考：你知道学生在学校里会遇到哪些财产受侵事件吗？你觉得应该怎样预防这些事件的发生？

一、防范盗窃

盗窃是校园多发性事件。盗贼多趁学生不备，顺手牵羊，将学生放在桌上、床上的手机、钱包等贵重物品拿走。有的盗贼还会通过翻窗入室或撬开门锁，盗取室内贵重物品，如图 1-5 所示。

图 1-5　翻窗入室盗窃

法律法规

《中华人民共和国刑法》第二百六十四条规定："盗窃公私财物，数额较大的，或者多次盗窃、入户盗窃、携带凶器盗窃、扒窃的，处三年以下有期徒刑、拘役或者管制，并处或者单处罚金；数额巨大或者有其他严重情节的，处三年以上十年以下有期徒刑，并处罚金；数额特别巨大或者有其他特别严重情节的，处十年以上有期徒刑或者无期徒刑，并处罚金或者没收财产。"

（一）盗窃的预防

1. 宿舍防盗

宿舍是学生财物的主要存放地，许多盗窃案都发生在宿舍。因此，学生一定要具备宿舍防盗意识，提高警惕，不给盗贼可乘之机。为了预防宿舍盗窃，学生要做到以下几点。

宿舍盗窃案例

（1）养成随手关窗、锁门的习惯，防止盗贼入室盗窃。

（2）不可违反宿舍管理规定，随便让外人留宿。

（3）注意保管好自己宿舍、抽屉等处的钥匙，不随意借给他人。

（4）最好将贵重物品锁在柜子里或寄存到宿舍管理部门，以防被盗。

（5）发现可疑人员进入宿舍楼时，要提高警惕、多加注意。

2. 校园公共场合防盗

在教室学习、食堂就餐和运动场所运动时，学生很容易遭遇盗窃，此时应注意以下几点。

（1）在教室学习时，若需要短暂离开座位，应将包内的贵重物品（如手机、钱包等）取出并随身携带，或请同学帮忙看管。

（2）在食堂排队就餐时，应将随身背包或挎包移到身前。

（3）在操场上运动时，最好把手机和钱包等贵重物品集中放在一起，并找专人看管；在相对封闭的场馆里运动时，应将贵重物品锁在配备的柜子里。

3．外出防盗

学生在外出游玩时，应采取以下几点防盗措施。

（1）尽量不要携带大量现金或贵重物品。

（2）乘车前应准备好交通卡、乘车码或零钱，并检查钱包的拉链是否拉好，不要在站台上清点财物。乘车时，应将存放贵重物品的包放在身前，不让其脱离视线。

（3）上车时要有序排队，严防盗贼浑水摸鱼。上车后要及时将自己的物品放好，以免因随手乱放而丢失物品。下车时要注意清点自己随身携带的物品，以免把物品落在车上。

（4）多人一起旅行时，应轮换睡觉，轮流看管行李物品。若一个人旅行，则应尽量避免睡得太沉，加强警惕，以防盗贼在后半夜趁人熟睡时行窃。

（二）盗窃的应对

学生掌握正确的校园盗窃应对方法，能帮助公安机关将盗贼绳之以法，从而挽回损失。面对盗窃，学生要做到以下几点。

（1）若发现贵重物品被盗，应及时向老师及学校保卫部门报告，尽量准确描述贵重物品的特征及自己存放的地点等信息，从而协助老师及学校保卫部门尽快找到丢失的物品。

（2）若发现存折、银行卡等被盗，则应立即打电话、上网或前往银行办理挂失，查询之前是否有人从该存折或银行卡中提取过现金或转账。若确有此事，则应向当地公安机关报案，请求其协助找回丢失的现金。

（3）若发现教室、宿舍的门锁被撬，应马上向学校保卫部门或公安机关报

案，并注意保护好现场，仔细清点自己丢失的物品，计算财产损失。同时，应努力提供有价值的线索，并积极配合相关人员，尽快侦破案件。

案例点评

某天，李某到自习室看书，发现同学王某坐在离自己不远处，王某的手机放在课桌上。在自习室突然停电时，李某趁机将王某的手机装入自己的口袋并迅速逃离自习室。保安人员次日根据线索从李某那里找到了丢失的手机，并将李某带到学校保卫部门。经讯问，李某对自己的盗窃罪行供认不讳，并供认自己之前也曾趁同学不备盗窃过一些贵重物品，均以低价卖出，所得钱财也被自己挥霍掉了。

点评 王某的手机是在黑暗中丢失的，自习室中距离其较近的学生就成了最大的嫌疑人，这样就不难排查出此次盗窃是李某所为。另外，王某也应妥善保管自己的贵重物品。

二、防范抢夺与抢劫

抢夺是指以非法占有为目的，乘人不备，公开夺取数额较大公私财物的行为。抢劫是指对公私财物的所有人、保管人使用暴力、胁迫或其他方法，强行将公私财物抢走的行为。抢劫比抢夺的性质更为恶劣，不仅会侵犯受害者的财产，还会危害受害者的人身安全。

（一）抢夺、抢劫的特点

校园抢夺、抢劫严重危害学生人身财产安全，具有以下特点。

（1）案发时间多为夜间，特别是夜深人静时，此外，午休时间也可能发案。

（2）案发地点多为校园内人少且偏僻的场所。

（3）抢夺、抢劫的对象多为公私财物。

（4）作案人员较凶残，多数携带凶器，极具侵害性。

（5）作案人员一般为校园附近不务正业、有劣迹的青少年，也有流窜作案分子。

法律法规

《中华人民共和国刑法》第二百六十三条规定：“以暴力、胁迫或者其他方法抢劫公私财物的，处三年以上十年以下有期徒刑，并处罚金；有下列情形之一的，处十年以上有期徒刑、无期徒刑或者死刑，并处罚金或者没收财产：

（一）入户抢劫的；

（二）在公共交通工具上抢劫的；

（三）抢劫银行或者其他金融机构的；

（四）多次抢劫或者抢劫数额巨大的；

（五）抢劫致人重伤、死亡的；

（六）冒充军警人员抢劫的；

（七）持枪抢劫的；

（八）抢劫军用物资或者抢险、救灾、救济物资的。”

《中华人民共和国刑法》第二百六十七条规定：“抢夺公私财物，数额较大的，或者多次抢夺的，处三年以下有期徒刑、拘役或者管制，并处或者单处罚金；数额巨大或者有其他严重情节的，处三年以上十年以下有期徒刑，并处罚金；数额特别巨大或者有其他特别严重情节的，处十年以上有期徒刑或者无期徒刑，并处罚金或者没收财产。

携带凶器抢夺的，依照本法第二百六十三条的规定定罪处罚。”

（二）抢夺、抢劫的预防

根据校园抢夺、抢劫的特点，学生要做到以下几点来进行预防。

如何防范飞车抢夺

（1）不要随身携带过多的现金，若因购物需要必须携带大量现金，应请同学随行。

（2）贵重物品最好放在衣服口袋内，不要置于手提包或挎包内。

（3）不外露或向他人炫耀贵重物品。

（4）尽量不要在夜深人静时单独外出。不要在僻静、黑暗处行走、逗留，若必须通过僻静、黑暗处，最好结伴而行，或携带防身工具。

（5）当发现有人尾随或窥视时，不要露出紧张或胆怯的神态，可回头多盯对方几眼，或打电话，或大叫同学、老师的名字，并改变原定路线，立即向有人、有灯光的地方行走。

（三）抢夺、抢劫的应对

学生如果遭遇抢夺或抢劫，应尽量做到以下几点。

（1）保持镇定，消除恐慌的情绪，积极应对所面临的情况。

（2）当无法与作案人员抗衡时，可找准时机向有人、有灯光的地方奔跑。

（3）当已处于作案人员的控制之下，且无法反抗时，可按作案人员的要求交出部分财物，并表明自己无反抗意图，使其放松警惕，然后看准时机逃脱。

（4）注意观察作案人员，并尽量准确记下其身高、体态、发型、衣着、语言、行为等方面的特征。

（5）要在最短时间内向当地公安机关、学校保卫部门报案，以便公安机关、学校保卫部门及时组织力量布控，从而抓获作案人员。

（6）无论在何种情况下，只要有可能就要大声呼救，或故意高声与作案人员说话，以引起周围人的注意，并积极寻求帮助，迫使作案人员放弃所抢物品。

案例点评

某校学生杨某在车站附近准备乘车回家时，突然感觉有人从后面拖拽其钱包。杨某立马转身与歹徒进行拉扯，但力量不及歹徒大，被歹徒推倒在地。歹徒在抢走900元后迅速逃离现场。

某校学生小林途经市图书馆门口时，突然遭遇两名男子持刀抢劫。这两名男子不但抢走了小林的随身背包和一部手机，而且将小林捅成重伤。

点评 歹徒通常会瞄准看上去比较弱小、不注意防范的人实施抢夺或抢劫。学生外出时最好将背包放在身前，并在离快车道稍远的道路上行走，这样不易成为抢夺或抢劫的目标。

互动空间

某校学生王某因没有钱去网吧上网，而对低年级学生小李进行多次抢劫。小李终于忍无可忍，将此事告知学校老师。

以小组为单位，就上述案例进行讨论、交流。

★ 王某的行为属于什么行为？学生遇到上述事件后应该怎么应对？

★ 小李的做法是否正确？学生应该采取什么措施来预防上述事件的发生？

三、防范诈骗

诈骗分子通常通过编造各种谎言、制造各种假象来骗取受害者的信任，从而达到将受害者的财物据为己有的目的。常见的诈骗方式有利用熟人关系取得信任进行诈骗，以亲友出意外急需用钱为由进行诈骗，以蝇头小利诱使受害者上当进行诈骗，以及以中介的名义进行诈骗等。

法律法规

《中华人民共和国刑法》第二百六十六条规定：“诈骗公私财物，数额较大的，处三年以下有期徒刑、拘役或者管制，并处或者单处罚金；数额巨大或者有其他严重情节的，处三年以上十年以下有期徒刑，并处罚金；数额特别巨大或者有其他特别严重情节的，处十年以上有期徒刑或者无期徒刑，并处罚金或者没收财产。本法另有规定的，依照规定。”

（一）诈骗的预防

为了预防诈骗，学生应做到以下几点。

1. 树立正确的思想观念

学生要努力学习，树立正确的世界观、人生观和价值观，不贪图私利，不爱慕虚荣，增强抵制诱惑的能力，从而避免被骗。

2. 保持清醒的头脑

学生在与陌生人交往的过程中，要弄清对方的来历，保持清醒的头脑，理智处事，三思而后行。

3. 保护个人信息

随着现代科技的发展，诈骗分子的诈骗手段也越来越高明。学生一定要加强个人信息的保护，不要向陌生人透露自己的个人信息，以防被诈骗分子利用。

4. 不轻信各类信息

学生一定要提高警惕，不要轻易相信自己收到的各类信息，要通过合理途径对信息进行核实。

（二）诈骗的应对

在遭遇诈骗时，学生要做到以下几点。

（1）如果察觉对方可能是诈骗分子，应采取一定的策略验证自己的揣测，千万不能泄露与自己财物有关的信息。

（2）如果发现自己已经陷入骗局，千万不要惊慌失措，更不要大吵大闹，应避免与对方发生正面冲突，尽快镇定下来。可耐心与对方周旋，使对方放松警惕，在脱离对方的控制之后再想办法挽回损失。

（3）如果诈骗分子已经得逞逃跑，应尽快向学校保卫部门报告或当地公安机关报案。要积极提供诈骗分子的相关线索，包括其体貌特征和遗留的信息，因为这些线索对于迅速破案非常重要。

四、远离不良“校园贷”

不良“校园贷”主要是指学生向非法借贷平台或放贷人员提供学生证号、公民身份号码、家属电话等信息，即可借到几千甚至上万元的现金。不良“校园贷”作为校园内一种手续简单、借贷门槛低、贷款金额较大的借款途径，利息和手续费很高。一旦学生不能按时还贷，放贷人员就会采取各种手段向学生讨债，由此带来许多恶劣的后果。

（一）不良“校园贷”的危害

不良“校园贷”表面上能解决学生资金不足的问题，为学生的生活、学习、创业等提供便利，但实际上会带来以下危害。

1. 泄露学生及相关人员的隐私

学生申请贷款时一般需要提供本人甚至家长、同学、朋友的信息，放贷人员很有可能将这些信息随意出售，从而泄露学生及相关人员的隐私。

2. 滋生学生的恶习

虚荣心、攀比心强而经济实力又不足的学生容易通过不良“校园贷”获取资金，养成花钱大手大脚、赌博等恶习，严重时甚至会走上犯罪的道路。

3. 危害学生的身心健康

不良“校园贷”的利息往往很高，学生在贷款之后需要承担沉重的还款压力，这会严重危害他们的身心健康。

4. 迫使学生荒废学业

不良“校园贷”的高额利息，使得部分学生不得不旷课，去打工还款，从而荒废学业。

案例点评

为了买某名牌手机，某校学生小敏从某“校园贷”平台借了1.25万元，到手8 000元。为了还钱，她又不得不从其他校园贷平台借款。8个月后，这笔钱“滚”成了23万元。据小敏讲述，她前后贷款总额有11万元，但实际拿到手的只有7万元。该“校园贷”平台整天打电话逼债，甚至扬言要将此事告诉老师，这让她感到非常害怕。面对逼债和威胁，小敏甚至产生过以死躲债的想法。

点评 近年来，服务于广大学生的“校园贷”平台层出不穷，但由于缺乏监管，乱象频出。部分“校园贷”因其极高的利率和违约金成了名副其实的高利贷；更有不良“校园贷”平台诱导广大学生过度消费，进而暴力逼债，导致很多学生陷入贷款陷阱无法自拔。

（二）不良“校园贷”的预防与应对

1. 不良“校园贷”的预防

为避免陷入“校园贷”陷阱，学生在日常生活和消费中应注意以下几点。

1）树立正确的消费观

学生不要片面追求物质享受，不要和同学攀比，要在自己能够承受的范围内消费，同时应把主要精力放在学习上。

2）制订合理的消费计划

学生要合理安排生活支出，自觉抵制超前消费和过度消费，适度参加各种聚会或团体活动。

3）在正规平台申请贷款

学生如果确实有贷款需要，千万不要轻易相信“低门槛发放贷款”的小平台，应通过正规的学生借贷平台进行贷款。

4）了解借贷知识

学生应了解基本的借贷知识，对贷款利息、违约金、滞纳金等收费项目的计算方式和金额要有一定的认识。

5）了解相关法律常识

学生在办理贷款之前应先了解与借贷、网络安全相关的法律常识，以免上当受骗。

6）保护好个人信息

学生为避免他人利用自己的个人信息贷款，应注意保护好自己的个人信息。不要轻易向他人透露自己的个人信息，如家庭住址、父母工作单位及生活费用等。不要轻易将自己的身份证、学生证等各类证件原件或复印件转借他人。

2. 不良“校园贷”的应对

若已经陷入“校园贷”陷阱，学生应采取以下应对措施。

（1）如果自己初涉不良“校园贷”，那么应立即向亲朋好友借钱还上，避免越陷越深。

（2）如果自己已深陷其中无法自拔，那么应及时告知老师、父母，必要时可报警或通过法律途径解决问题。

（3）如果发现自己的同学陷入“校园贷”陷阱，那么应首先帮助其认清骗局，并引导其积极向他人寻求帮助或报警。

互动空间

以小组为单位，通过网络、报纸或其他渠道搜集有关校园贷的资料，重点就如何避免校园贷展开讨论，以加强安全防范意识。

要点回顾

本模块主要讲解了学生在校内外可能遇到的人身财产受侵事件，以及其预防与应对措施。请同学们根据图 1-6 所示的思维导图来复习本模块介绍的安全要点，从而加深对本模块知识的理解。

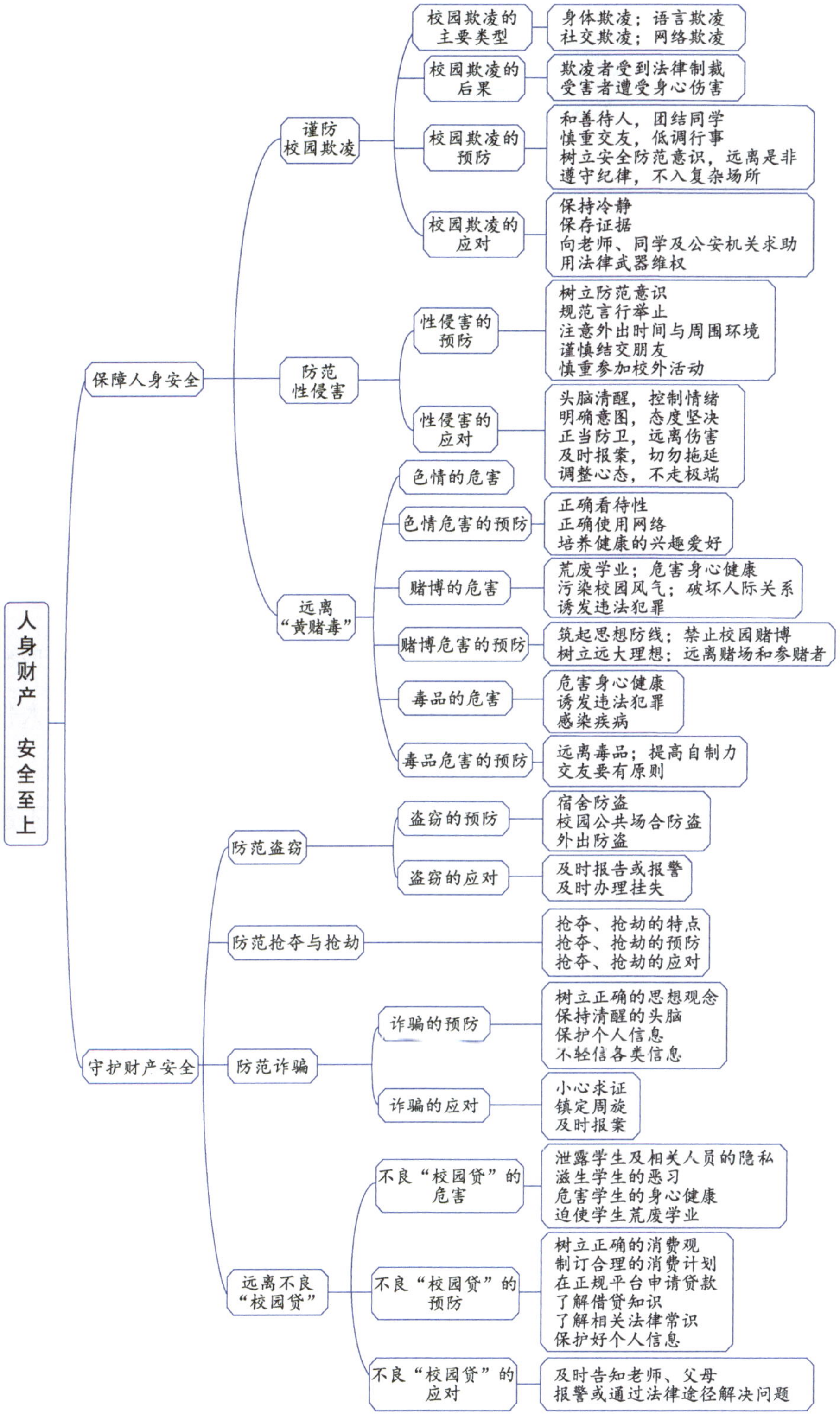

- 人身财产　安全至上
  - 保障人身安全
    - 谨防校园欺凌
      - 校园欺凌的主要类型：身体欺凌；语言欺凌；社交欺凌；网络欺凌
      - 校园欺凌的后果：欺凌者受到法律制裁；受害者遭受身心伤害
      - 校园欺凌的预防：和善待人，团结同学；慎重交友，低调行事；树立安全防范意识，远离是非；遵守纪律，不入复杂场所
      - 校园欺凌的应对：保持冷静；保存证据；向老师、同学及公安机关求助；用法律武器维权
    - 防范性侵害
      - 性侵害的预防：树立防范意识；规范言行举止；注意外出时间与周围环境；谨慎结交朋友；慎重参加校外活动
      - 性侵害的应对：头脑清醒，控制情绪；明确意图，态度坚决；正当防卫，远离伤害；及时报案，切勿拖延；调整心态，不走极端
    - 远离“黄赌毒”
      - 色情的危害
      - 色情危害的预防：正确看待性；正确使用网络；培养健康的兴趣爱好
      - 赌博的危害：荒废学业；危害身心健康；污染校园风气；破坏人际关系；诱发违法犯罪
      - 赌博危害的预防：筑起思想防线：禁止校园赌博；树立远大理想：远离赌场和参赌者
      - 毒品的危害：危害身心健康；诱发违法犯罪；感染疾病
      - 毒品危害的预防：远离毒品；提高自制力；交友要有原则
  - 守护财产安全
    - 防范盗窃
      - 盗窃的预防：宿舍防盗；校园公共场合防盗；外出防盗
      - 盗窃的应对：及时报告或报警；及时办理挂失
    - 防范抢夺与抢劫：抢夺、抢劫的特点；抢夺、抢劫的预防；抢夺、抢劫的应对
    - 防范诈骗
      - 诈骗的预防：树立正确的思想观念；保持清醒的头脑；保护个人信息；不轻信各类信息
      - 诈骗的应对：小心求证；镇定周旋；及时报案
    - 远离不良“校园贷”
      - 不良“校园贷”的危害：泄露学生及相关人员的隐私；滋生学生的恶习；危害学生的身心健康；迫使学生荒废学业
      - 不良“校园贷”的预防：树立正确的消费观；制订合理的消费计划；在正规平台申请贷款；了解借贷知识；了解相关法律常识；保护好个人信息
      - 不良“校园贷”的应对：及时告知老师、父母；报警或通过法律途径解决问题

图 1-6　思维导图

学习检验

一、填空题

（1）＿＿＿＿＿＿是最直接和最明显的欺凌方式，包括＿＿＿＿＿＿＿＿＿＿＿＿＿＿、扇耳光等攻击性行为。

（2）性侵害的主要类型有＿＿＿＿＿＿＿＿、＿＿＿＿＿＿＿＿、社交型性侵害和滋扰型性侵害等。

（3）学生若长期接触色情信息，会形成错误的世界观、人生观、价值观，产生＿＿＿＿＿＿。

（4）在教室学习时，若需要短暂离开座位，应将包内的贵重物品（如手机、钱包等）取出并＿＿＿＿＿＿，或请同学帮忙看管。

（5）＿＿＿＿＿＿是指以非法占有为目的，乘人不备，公开夺取数额较大公私财物的行为。＿＿＿＿＿＿是指对公私财物的所有人、保管人使用暴力、胁迫或其他方法，强行将公私财物抢走的行为。

（6）校园贷的＿＿＿＿＿＿和＿＿＿＿＿＿很高，一旦学生不能按时还贷，放贷人员就会采取各种手段向学生讨债，由此带来许多恶劣的后果。

二、判断题

（1）学生应遵守校规校纪，不在人少的地方逗留。（　　）

（2）若校园欺凌已经造成了严重的后果，如受害者受重伤、欺凌者畏罪潜逃等，则应向当地公安机关报案，请求援助。（　　）

（3）外出游玩时，贵重物品应随身携带，不要放在抽屉或柜子里，以免被盗。（　　）

（4）应妥善保存身份证、学生证等有效证件，并应注意不要随意向他人透露银行卡密码。（　　）

（5）外出行走至偏僻地段时，若发现有人跟踪，应假装没看见，继续前行。（　　）

三、问答题

（1）在发生校园欺凌后，学生应采取哪些应对措施？

（2）色情对学生的危害有哪些？

（3）宿舍是学生财物的主要存放地，学生应如何进行宿舍防盗？

（4）当遭遇抢夺或抢劫时，应如何处理？

（5）你会选择不良“校园贷”吗？为什么？

学以致用——安全实践活动

一、实践背景

发生在校园中的学生人身财产侵害事件屡见不鲜。究其原因，多是学生缺乏安全防范意识及危机应对能力，导致在事件发生时束手无策，受到损失。

为了进一步了解人身财产侵害的预防与应对措施，保障人身安全及财产利益，全班学生分组开展“人身财产安全”情景模拟实践活动。

二、实践步骤

（1）将全班学生分成若干组，每组 7～8 人，并选出一名小组负责人。

（2）小组负责人组织小组成员，围绕“人身财产安全”话题编排剧情、写脚本。在此过程中，将问题及答案记录在下列空白处。

① 情景中涉及的人身财产安全问题。

② 上述安全问题的预防和应对措施。

（3）小组负责人分配人物角色，并组织小组成员进行排练。

（4）指导教师组织学生进行情景模拟比赛，各组上台表演。

学习评价

指导教师根据学生的实际学习成果对其进行评价，学生配合指导教师，完成表 1-1 所示的学习成果评价表。

表 1-1　学习成果评价表

评价项目	评价内容	分值	评价分数		
			自评	他评	师评
知识（40%）	校园欺凌的预防与应对	5 分			
	性侵害的预防与应对	5 分			
	色情的危害及其预防	4 分			
	赌博的危害及其预防	4 分			
	毒品的危害及其预防	4 分			
	盗窃的预防与应对	5 分			
	抢夺与抢劫的预防与应对	5 分			
	诈骗的预防与应对	4 分			
	不良“校园贷”的预防与应对	4 分			
技能（40%）	实践中问题回答全面	10 分			
	情景模拟主题突出，生动形象	10 分			
	情景模拟编排合理，分工明确	10 分			
	顺利完成情景模拟	10 分			
素养（20%）	积极参加教学活动，主动学习、思考、讨论	5 分			
	认真负责，按时完成学习、实践任务	5 分			
	团结合作，与组员密切配合	5 分			
	具有正确的安全防范意识	5 分			
合计		100 分			
总评	自评（20%）+他评（20%）+师评（60%）= ________	综合等级：	指导教师（签名）：		

模块二　意外突发　冷静应对

模块导读

学生在学习和生活的过程中应加强安全防范意识，当有意外事故和突发事件发生时，应立即采取自救或者救护他人的措施，以保障自身和他人的安全。本模块主要讲解如何预防与应对意外事故和突发事件。

学习目标

知识目标

- 掌握火灾、溺水、踩踏等意外事故的预防与应对措施。
- 掌握电梯故障、停水、停电等突发事件的预防与应对措施。

素质目标

- 增强个人对意外事故与突发事件的安全防范意识，提升自救能力。
- 培养安全至上意识、集体意识和责任意识，提升救护他人的能力。

单元一 预防与应对意外事故

情景案例——珍爱生命，远离危险

案例 1 某校学生宿舍发生了一场火灾。据悉，该火灾是学生违规使用大功率电吹风机，离开时忘记关闭，导致其引燃附近的棉被等可燃物造成的。火灾发生后，消防人员立即赶到现场，利用消火栓将大火扑灭。由于火势迅猛，很多学生的个人财产都受到了严重损失。

案例 2 某日，由于天气炎热，小明和两个同学来到河里游泳。他们 3 人下水 10 多分钟后，小明在河里失去了踪影。惊慌之下，小明的同学向周围路人和当地救援队求救。救援人员收到求救消息后立即出动。经过近 8 小时的搜救，救援人员在河的下游找到小明的尸体。

火灾、溺水等意外事故会严重危害学生的人身财产安全和校园公共安全。发生此类悲剧的主要原因是学生安全防范意识薄弱，不重视学校的相关安全规定。

请思考： 你还知道哪些校园意外事故？遇到这样的事故，你觉得应该如何应对呢？

一、预防与应对火灾事故

（一）火灾事故发生的主要原因

在校园内，火灾事故发生的主要原因有明火引燃和电气着火。

1. 明火引燃

1）随意点燃蚊香

夏季蚊虫较多，许多学生会在宿舍随意点燃蚊香。蚊香具有很强的阴燃能力，可长时间持续燃烧，且点燃后的温度很高。可燃物一旦接触到点燃的蚊香，便会燃烧，从而导致火灾的发生。

2）违规使用蜡烛

蜡烛是校园内常见的火源之一，点燃后遇可燃物容易引发火灾。宿舍内严禁使用蜡烛。有的学生对此置若罔闻，在宿舍熄灯后用蜡烛照明，最终酿成悲剧。

3）在树林、草坪违规用火

学生在树林或草坪吸烟、玩火、野炊等，都可能引发火灾。尤其天气干燥时，落叶和枯草如果遇到火种，极易引发火灾。

2．电气着火

1）使用违规电器

学校内的供电线路和供电系统都是按照实际使用情况设计的。学生在宿舍内使用违规电器，如电磁炉、电饭锅、电吹风、电热水瓶等，易使供电线路过载发热，引发火灾。

2）私自乱接电线、网线

学生私自乱接电线（见图 2-1）、网线等，会增加供电线路的负荷。学校内的一些低负荷软电线，长期超负荷使用易使绝缘层老化，从而导致火灾的发生。

图 2-1　私自乱接电线

（二）火灾事故的预防

预防火灾事故是校园安全工作的重中之重，学生应掌握学校宿舍和公共场所两个主要活动区域的火灾事故预防措施。

1．宿舍防火

在宿舍内，学生应当严格遵守学校消防安全规定，做到以下几点。

（1）不使用蜡烛，不用纸当灯罩。

（2）不乱扔可能引发火灾的东西。

（3）不使用违规电器。

（4）使用规定电器时注意安全。

（5）不私自乱接电线、网线。

（6）外出时应将充电器、充电宝、电脑等物体的电源插头拔出（见图 2-2），并关闭电源。

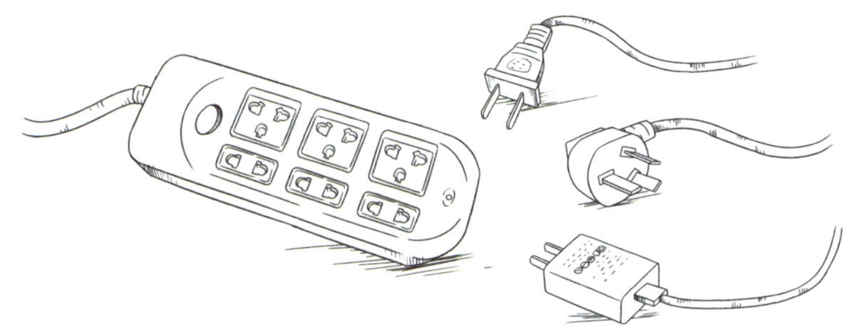

图 2-2　外出时拔出电源插头

2．公共场所防火

为了预防火灾事故的发生，在公共场所时，学生应做到以下几点。

（1）不携带烟花、爆竹等易燃易爆物品进入教学楼、食堂、图书馆等公共场所。

（2）把实验室使用的易燃易爆物品存放在专门的库房，进行统一管理，随用随领，不随意存放或外带。

（3）不携带火种或易燃易爆物品乘坐公共交通工具。

（4）不在公共场所使用明火。

（三）火灾事故的应对

火灾的伤害性极强，破坏性极大。一旦发生火灾，学生应采取以下应对措施。

实验室火灾事故的预防与应对

（1）保持冷静，快速判断火势大小。若火势较小，可用灭火器、水等及时将火扑灭。若火势已开始蔓延，不再具备快速扑灭的可能性，则应尽快逃离火场（见图 2-3），并报警。

图 2-3　尽快逃离火场

（2）从室内逃生时，应先触摸门锁。若门锁温度很高，则说明大火或烟雾已封锁房门。此时切不可打开房门，应关闭与着火房间相通的所有门窗，用毛巾、被子等堵住门缝，并泼水降温，同时打电话报警。若门锁温度正常或门缝没有烟雾飘进来，则说明大火距离自己尚有一段距离，此时可打开房门观察外面通道的情况。在确认大火未对自己构成威胁后，尽快逃离火场。

（3）逃生前，可用湿毯子裹住全身或用湿衣服包住头部等部位，以免烧伤。

（4）逃生时，要用湿毛巾捂住口鼻（见图 2-4），以防吸入烟雾，同时弯腰低头，迅速撤离。

图 2-4　用湿毛巾捂住口鼻

（5）逃生时，应沿安全出口方向撤离火场，不要乘坐电梯，以防被困在电梯里，因烟雾熏呛而窒息。

（6）如果发现身上着火，不要跑动或用手拍打衣服，应尽快脱掉衣服、就地打滚或向身上浇水灭火。

（7）若因被大火围困而无法逃离，则应待在阳台、窗口等易被人发现和能避免烟火靠近的地方；同时，可借助周围物品发出求救信号，以引起救援人员的注意。

（8）只有当楼层不高或救援人员已准备好救生气垫时，才可选择跳楼逃生。可以跳楼逃生时，应做好安全防护，以减少对自身的伤害。

案例点评

某校一学生在宿舍内使用蜡烛照明看书，不慎睡着，导致蜡烛点着了衣服，引发了火灾。虽然没有造成人员伤亡，但整个宿舍被燃烧殆尽，经济损失重大。

点评　火灾的危害性很大，学生在宿舍中一定要遵守学校的消防安全规定，不违规使用明火，以避免火灾事故的发生。

安全贴士

火灾的类型

根据可燃物的类型和燃烧特性，火灾可分为 A、B、C、D、E、F 6 种类型。

（1）A 类火灾是指由固体物质燃烧所造成的火灾。这类固体物质通常具有有机物性质，它们在燃烧时能产生灼热的余烬，如木材、干草、煤炭、棉、麻、纸张等。

（2）B 类火灾是指由液体或可熔化固体物质燃烧所造成的火灾，如由煤油、柴油、原油、甲醇、乙醇、沥青等燃烧造成的火灾。

（3）C 类火灾是指由气体燃烧所造成的火灾，如由煤气、天然气、氢气等燃烧造成的火灾。

（4）D 类火灾是指由金属燃烧所造成的火灾，如由钾、钠、镁、锂、铝镁合金等燃烧造成的火灾。

（5）E 类火灾是指由带电物体（如变压器）燃烧所造成的火灾。

（6）F 类火灾是指由烹饪器具内的烹饪物（如动植物油脂）燃烧所造成的火灾。

二、预防与应对溺水事故

溺水是指被水淹的人由于呼吸道遇水受刺激而发生痉挛、收缩梗阻，造成窒息和缺氧的情况。学生溺水后，需要及时抢救。溺水的主要症状包括窒息后脸色苍白、眼睛充血、口鼻充满泡沫、四肢冰冷、神志不清、胃腹鼓起等，严重时甚至会停止呼吸、心跳。

（一）溺水事故发生的主要原因

学生发生溺水事故的原因可主要分为以下几种。

1．心理原因

有些学生怕水心理严重，遇到水以后惊慌失措、四肢僵硬，从而导致溺水；还有些学生好奇心重，在水边来回试探，不慎落入水中而导致溺水。

2．生理原因

潜水时间过长，会使学生缺氧窒息，从而导致溺水；游泳时体力不支、饱食、饥饿等，会导致学生溺水；在冷水中游泳、疲劳游泳或游泳时用力不当等，会引起肌肉痉挛，从而导致学生溺水。

3．病理原因

患有精神病、癫痫病等疾病的学生下水后若疾病发作，则可能会溺水。

4．技术原因

突然呛水之后不会调整呼吸、入水的方式错误等，容易导致学生溺水。

5. 其他原因

误入深水（见图 2-5）或旋涡中，游泳场馆的管理不规范、设施存在安全隐患等，也可能导致学生溺水。

图 2-5　误入深水

（二）溺水事故的预防

预防溺水事故，学生要做到以下几点。

（1）留意警告牌，不要在禁止游泳的地方游泳。

（2）在河边、湖边行走时要小心，特别是当岸边又湿又滑时，很容易跌入水中。

（3）游泳前一定要先弄清楚水中情况，如水深，水下杂草、岩石或其他障碍物的分布情况等，不要贸然入水。

（4）游泳前应避免太饿，且应做一些热身活动（见图 2-6），否则下水后可能会发生痉挛；下水前应先试试水温，水温太低会对身体造成损害。

图 2-6　游泳前做热身活动

（5）游泳时应有同伴陪同，一旦发生紧急情况，同伴可及时进行救援或向他人求助；游泳时不要互相打闹，以免溺水；游泳时如果突然觉得身体不舒服，如眩晕、恶心、心慌、气短等，应立即上岸休息或高声呼救。

（三）溺水事故的应对

如何救助溺水者

应对溺水事故，学生要掌握正确的溺水自救要领和自救方法。

1. 溺水的自救要领

（1）落水后保持镇定，不恐慌、不乱动，以防越陷越深。

（2）屏住呼吸，放松全身，去除身上的重物，同时要睁开眼睛，观察周围情况。

（3）一旦身体停止下沉并开始上浮，学生可以先将双臂伸直、双手掌心朝下，然后从身体两边顺势向下划水。当身体上浮时，应将头向后仰，保持面部朝上的姿势，争取先将口鼻露出水面。一旦口鼻露出水面，学生应立即呼吸。

（4）学生在水中呼气要浅，吸气要深，尽可能使自己的身体浮于水面，以待救援。

（5）如果在水不是很深的游泳池或在底部坚硬的水域溺水，学生可在触底时用脚蹬地上浮，上浮后不要害怕再次下沉。如此反复，直到救援人员到来。

2. 溺水的自救方法

1）水中痉挛的自救方法

若在游泳时发生痉挛，不要惊慌，应立即停止游泳，吸一口气仰浮于水面，待有所好转后立即游回岸边休息，以防再次发生痉挛。

2）水草缠身的自救方法

水草缠身时要保持镇定，手脚勿乱动，以防水草缠得更紧，同时，可憋一口气潜入水中，用双手扯下水草。

3）接近旋涡的自救方法

在有旋涡的地方，水面常有垃圾、树叶等打转，游泳时如果发现应尽快远离。如果已经接近旋涡，切勿踩水或潜入水中，应立即平卧于水面，并沿着旋涡边缘快速游过。旋涡边缘的吸引力较弱，不容易把人卷入其中。

4）疲劳过度的自救方法

感觉疲劳时，应马上游回岸边。如果离岸边太远，或因过度疲劳不能立即

游回岸边，可以仰浮在水面上、放松身体，以保存体力，等待救援。如果看到救援人员，应大声呼叫，以引起救援人员的注意。如果没有人救援，应继续仰浮在水面上，待体力恢复后再游回岸边。

互动空间

以小组为单位，就下列问题进行讨论、交流。

★ 发生溺水的主要原因有哪些？

★ 一旦发生溺水事故，应该如何自救？

案例点评

某村庄6名学生结伴前往江边玩耍。由于天气炎热，他们临时起意，选择在一处浅滩区域下水游泳。第一名学生下水后溺水了。两名同伴见状，立即跳下去营救，结果3人都溺水了。岸边的其他同伴立即展开施救，用竹竿将溺水的两名学生拉回岸边，而另一名溺水的学生没抓住竹竿，不见了踪迹。

附近村民得知消息后，自发前往事发地进行打捞并报警。当地救援队接到报警后，立即调派人员前往救援。当日下午，失联学生被打捞上来，但已无生命体征。

点评 学生一旦溺水，伤亡的概率非常大。为了减少此类事故的发生，学生应增强安全防范意识，不到危险的地方游泳，并充分掌握溺水后的自救要领和自救方法。

三、预防与应对踩踏事故

在校园内，踩踏事故多发生于学生群体。学生年龄小，相对缺乏应急应变能力和自我保护能力，遇事容易慌乱，从而导致踩踏。学生应充分了解踩踏事故发生的特点，并学会如何预防与应对踩踏事故。

（一）踩踏事故的特点

（1）踩踏事故多发生在集会、下课、下晚自习时，此时学生集中上下楼梯，且心情急切。

（2）踩踏事故多发生在教学楼、宿舍楼等楼层之间的楼梯转角处、楼道出口处和道路狭窄处。

（3）踩踏事故一旦发生，往往会造成多名学生死伤，危害极大，影响恶劣。

（二）踩踏事故的预防

1. 开展预防教育

学校可通过开展各种校园活动，如安全教育讲座、安全知识竞赛等，让学生充分了解发生踩踏事故的主要原因、踩踏事故的严重后果及预防踩踏事故的相关措施，了解在楼梯间打闹、搞恶作剧的危险性，以增强学生预防踩踏事故的意识。

2. 遵守校园秩序

学生要积极遵守校园秩序，上下楼梯靠右行，听从老师的指挥，不推挤打闹。

3. 其他预防措施

学生在拥挤的楼道内不要弯腰系鞋带，不要攀肩而行，不要大声喧哗，不要快跑和乱窜，发现拥挤苗头时要及时撤离，以保证自己和他人的安全。

（三）踩踏事故的应对

1. 遭遇拥挤的人群的应对方法

（1）发现拥挤的人群向自己所在的方向涌来时，应马上避到一旁（见图 2-7），或到教室、图书馆等地暂时躲避。切记不要逆人流前进，以防被推倒在地。

（2）遇到拥挤的人群时，一定不要采用体位前倾或低重心的姿势，以防倒地被踩。

图 2-7　避到一旁

（3）若已陷入拥挤的人群，一定要先稳住双脚。切记远离教室的玻璃窗，以免因玻璃破碎而被扎伤。应和大多数人的前进方向保持一致，不要试图超过别人，更不要逆行，要听从现场疏散人员的口令。

（4）在拥挤的人群中，可抓住一些坚固牢靠的东西，如栏杆扶手等，待拥挤的人群过去后，再迅速离开。

2．出现混乱局面的应对方法

（1）时刻保持警惕，当发现人群开始骚动时，要做好保护自己和他人的准备。

（2）当心脚下，千万不要被绊倒，避免自己被踩。

（3）当发现自己前面有人摔倒时，要马上停止前进，同时大声呼救，告诉后面的人不要向前靠近。

（4）若被推倒，应尽量蜷缩身体，双手在颈后紧扣（见图 2-8），以最大程度地保护自己。

图 2-8　应尽量蜷缩身体，双手在颈后紧扣

互动空间

以小组为单位，自编自导自演，模拟踩踏事故发生的情景，演练遇到踩踏事故后的各种应对措施。

单元二　预防与应对突发事件

情景案例——突发事件，冷静应对

案例 因供水管道破裂，某地一所学校遭遇突发性停水。数千名师生无水可用，教学楼内、宿舍楼内的厕所臭气熏天。第二天，供水恢复后，该校的老师和学生花了4个多小时，才将所有厕所冲洗干净。

面对停水等无法预知的突发事件，学生一定要保持冷静，采取科学、实用的应对措施，从而保证自己和他人的正常生活。

请思考：若遇到上述突发事件，你会如何应对？从这些事件中，你得到了哪些启示？

一、预防与应对电梯故障事件

学生在学校使用电梯的频率很高，且学校的电梯多为封闭的厢式电梯。学生学会预防与应对电梯故障事件，可减少悲剧的发生。

（一）电梯故障事件的预防

为预防电梯故障事件的发生，在乘坐电梯时，学生应注意以下几点。

（1）不要乘坐已超过检验日期的电梯。

（2）不要乘坐明示已处于非正常状态的电梯，如图2-9所示。

（3）不要在电梯内蹦跳、打闹。

（4）不要携带易燃易爆物品或者危险化学品搭乘电梯。

（5）不要拆除、毁坏电梯的部件或者标识。

（6）不要运载超过电梯额定载荷的物品。

图 2-9　不要乘坐明示已处于非正常状态的电梯

（二）电梯故障事件的应对

电梯故障的常见类型及应对措施

当发生电梯故障事件时，学生不要慌张，可采取以下应对措施。

（1）按下电梯按键区的警铃报警，利用电梯内的电话或对讲机向工作人员求助。

（2）如果工作人员无回应，可借助周围的器物或通过大声喊叫，发出求救信号。

（3）不要强行扒门或扒撬电梯顶部的安全窗，以免带来更大的伤害。

（4）无人回应时，应保持镇定，保存体力，等待救援。

安全贴士

电梯突然下坠怎么办

（1）不论有几层楼，每一层楼的按键都要按下。这样当紧急电源启动时，电梯可以马上停止下坠。

（2）如果电梯内有扶手，一只手应紧握扶手来固定位置，以防因重心不稳而摔伤，同时应按下电梯里的报警按钮。

（3）背部跟头部应紧贴电梯内墙，呈一条直线，这样可以有效地保护自己的脊椎。

（4）膝盖应弯曲，这样可以使身体承受重击的压力。

（5）脚跟应提起，以保护脊椎，降低受伤概率。电梯中人少时，最好把两臂展开握住扶手或紧贴电梯内墙。

二、预防与应对停水、停电事件

（一）停水事件的预防与应对

1. 停水事件的预防

（1）对于计划停水，学校应提前告知学生停水时间、地点和持续时间，让学生提前做好准备。

（2）学校管理部门应定期维护学校的供水管道、水龙头等供水设备，以免因供水设备损坏而停水。

（3）学生应关注与停水相关的通知，并在停水前储存一些备用水。此外，学生应了解附近有哪些公共水源，以便在需要时取水。

2. 停水事件的应对

（1）在宿舍区出现停水后，应先弄清楚为什么停水，以及恢复供水的时间，切勿打闹起哄。

（2）一旦出现停水，且刚好到上课或就寝时间，应立即关闭处于打开状态的水龙头，以免来水后造成水资源浪费。

（3）如需喝水，可以就近购买纯净水或矿泉水。

（二）停电事件的预防与应对

1. 停电事件的预防

（1）学校应定期检查电气系统，及时更换老化或损坏的电线、插座和开关等，以防停电。

（2）如果学校所在地区经常停电，那么学校要装配备用发电机。

（3）学生应避免同时启动大功率电器，以减轻电网压力。

（4）学生应准备好备用电源，以便在停电时为手机等设备充电；准备好备用照明工具，如手电筒等，以便在停电时提供基本的照明。

2. 停电事件的应对

（1）若是教室或宿舍发生停电，应先观察隔壁相邻教室或宿舍是否也停电，确认是不是本教室或本宿舍的电闸跳闸。若发现大面积停电，应保持冷静，切勿大声喧哗和起哄，应服从现场老师或宿舍管理员的指挥，并耐心等待学校相关部门的线路检查和答复。

（2）在教室上课的学生，如遇停电时间较长，需要离开教室的情况，应在相关人员组织下有序离开。离开前应关闭教室的用电设备。

（3）在宿舍的学生如遇停电时间较长的情况，应在相关人员的组织下在宿舍休息或就寝，切勿趁机打闹或起哄，以免发生人员伤亡。就寝前应关闭宿舍内的用电设备。

要点回顾

本模块主要讲解了学生在校内外可能遇到的意外事故与突发事件，以及其预防与应对措施。请同学们根据图 2-10 所示的思维导图来复习本模块介绍的安全要点，从而加深对本模块知识的理解。

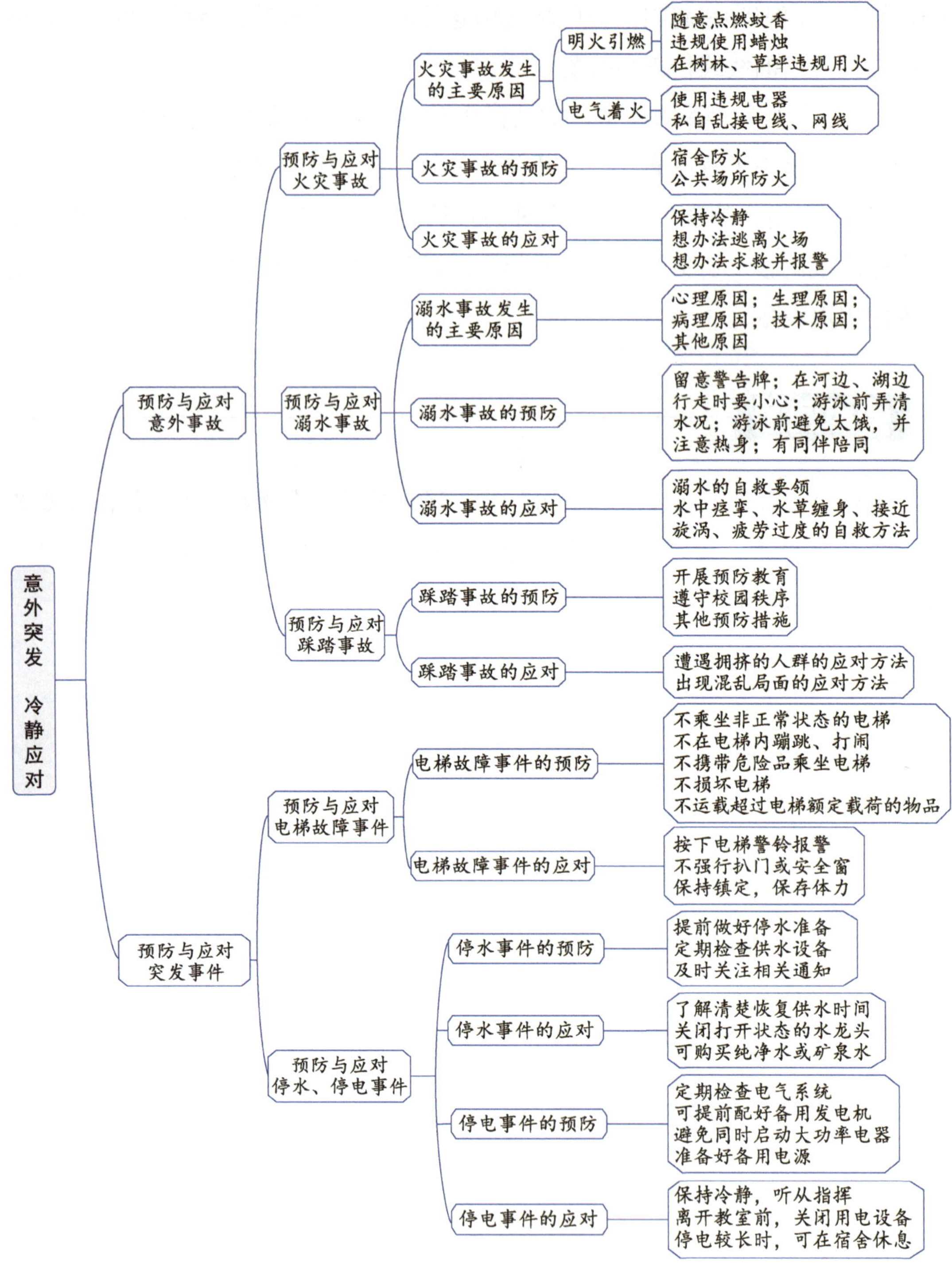
意外突发 冷静应对
预防与应对意外事故
预防与应对火灾事故
火灾事故发生的主要原因
明火引燃
随意点燃蚊香
违规使用蜡烛
在树林、草坪违规用火
电气着火
使用违规电器
私自乱接电线、网线
火灾事故的预防
宿舍防火
公共场所防火
火灾事故的应对
保持冷静
想办法逃离火场
想办法求救并报警
预防与应对溺水事故
溺水事故发生的主要原因
心理原因；生理原因；病理原因；技术原因；其他原因
溺水事故的预防
留意警告牌；在河边、湖边行走时要小心；游泳前弄清水况；游泳前避免太饿，并注意热身；有同伴陪同
溺水事故的应对
溺水的自救要领
水中痉挛、水草缠身、接近旋涡、疲劳过度的自救方法
预防与应对踩踏事故
踩踏事故的预防
开展预防教育
遵守校园秩序
其他预防措施
踩踏事故的应对
遭遇拥挤的人群的应对方法
出现混乱局面的应对方法
预防与应对突发事件
预防与应对电梯故障事件
电梯故障事件的预防
不乘坐非正常状态的电梯
不在电梯内蹦跳、打闹
不携带危险品乘坐电梯
不损坏电梯
不运载超过电梯额定载荷的物品
电梯故障事件的应对
按下电梯警铃报警
不强行扒门或安全窗
保持镇定，保存体力
预防与应对停水、停电事件
停水事件的预防
提前做好停水准备
定期检查供水设备
及时关注相关通知
停水事件的应对
了解清楚恢复供水时间
关闭打开状态的水龙头
可购买纯净水或矿泉水
停电事件的预防
定期检查电气系统
可提前配好备用发电机
避免同时启动大功率电器
准备好备用电源
停电事件的应对
保持冷静，听从指挥
离开教室前，关闭用电设备
停电较长时，可在宿舍休息

图 2-10　思维导图

学习检验

一、填空题

（1）逃生时，要用____________捂住口鼻，以防吸入烟雾，同时，应弯腰低头，迅速撤离。

（2）学生在水中呼气要_______，吸气要_______，尽可能使自己的身体浮于水面，以待救援。

（3）踩踏事故多发生在教学楼、宿舍楼等楼层之间的楼梯__________、楼道出口处和道路狭窄处。

（4）若被推倒，应尽量蜷缩身体，双手在__________紧扣，以保护身体最脆弱的部位。

（5）不要携带__________________或者危险化学品搭乘电梯。

二、判断题

（1）为防止校园发生火灾，学生在教室、学生宿舍等场所应注意安全用电与用火。（　　）

（2）在遇到火灾时，若火势已开始蔓延，不再具备快速扑灭的可能性，则应尽快逃离火场，并报警。（　　）

（3）游泳前应不吃任何东西，保持饥饿感。（　　）

（4）踩踏一旦发生，往往会造成多名学生死伤，危害极大，影响恶劣。（　　）

（5）一旦出现停水，应立即打开水龙头，这样就可以在恢复供水的第一时间获知。（　　）

三、问答题

（1）学生在宿舍应该如何预防火灾事故？

（2）学生应该如何预防溺水事故？

（3）学生遇到拥挤人群应该怎么办？

（4）学生应该如何预防电梯故障事件？

学以致用——安全实践活动

一、实践背景

意外事故与突发事件的发生往往是不可预测的，会严重威胁学生的人身财产安全。学生只有提前做好预防措施，或在危险发生时积极应对，才能避免或减轻潜在的后果，最大程度地保护自己和他人的安全。

为了进一步了解意外事故与突发事件的预防与应对措施，保障自己和他人的人身财产安全，全班学生分组开展“意外事故与突发事件”调查实践活动。

二、实践步骤

（1）将全班学生分成若干组，每组 7～8 人，并选出一名小组负责人。

（2）小组负责人进行任务分配，包括在网上查找相关资料或进行实地调查。调查内容包括目前学生可能会遇到的意外事故与突发事件，以及这些问题的解决办法。小组成员在调查结束后进行汇总、整理，将问题及答案记录在下列空白处。

① 学生可能会遇到的意外事故与突发事件。

② 上述安全问题的解决办法。

（3）各组将本组调查的相关资料、解决办法等制成 PPT，并选一人进行讲解汇报。

（4）各组汇报结束后，指导教师可引导学生对突出的安全问题进行讨论，并总结出切实可行的解决办法。

学习评价

指导教师根据学生的实际学习成果对其进行评价，学生配合指导教师，完成表 2-1 所示的学习成果评价表。

表 2-1 学习成果评价表

评价项目	评价内容	分值	评价分数		
			自评	他评	师评
知识（40%）	火灾事故的预防与应对	8 分			
	溺水事故的预防与应对	8 分			
	踩踏事故的预防与应对	8 分			
	电梯故障事件的预防与应对	8 分			
	停水、停电事件的预防与应对	8 分			
技能（40%）	顺利完成调查实践任务	10 分			
	实践中问题回答全面	10 分			
	PPT 制作精美，主题突出	10 分			
	汇报流畅，内容丰富、生动	10 分			
素养（20%）	积极参加教学活动，主动学习、思考、讨论	5 分			
	认真负责，按时完成学习、实践任务	5 分			
	团结合作，与组员密切配合	5 分			
	具有正确的安全防范意识	5 分			
合计		100 分			
总评	自评（20%）+他评（20%）+师评（60%）=__________	综合等级：	指导教师（签名）：		

模块三　安全出行　平安回家

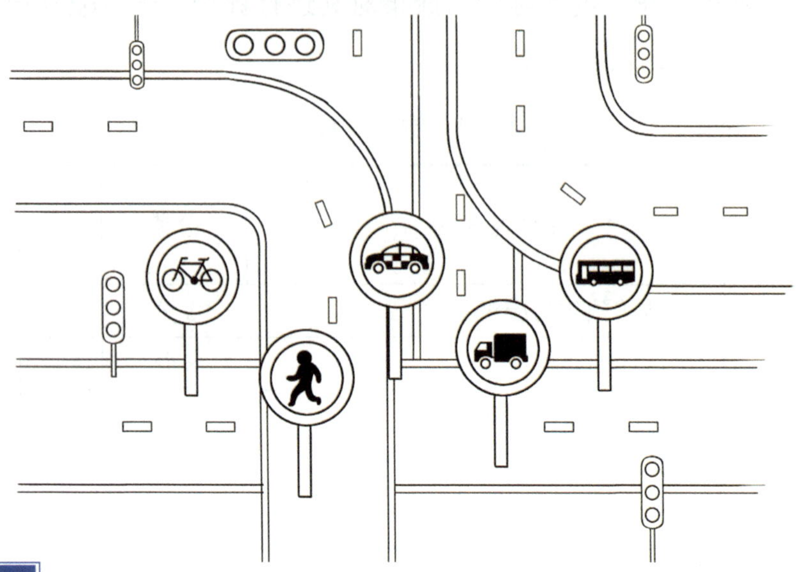

模块导读

学生在上学、放学、外出办事、外出旅游过程中可能会遇到很多突发事件。为了保证顺利出行，学生应掌握必备的安全常识，提高应对突发事件的能力。本模块主要讲解学生应该如何注意交通、旅游与住宿安全。

学习目标

知识目标

- 掌握行路的危机预防与应对措施。
- 掌握乘坐交通工具的危机预防与应对措施。
- 掌握旅游的危机预防与应对措施。
- 掌握住宿的危机预防与应对措施。

素质目标

- 增强出行安全防范意识，提升自我保护能力。
- 树立正确的出行安全观，遵纪守法，学会用法律武器保护自己。

单元一　注意交通安全

情景案例——缺乏安全防范意识引发的危机事件

案例 1　某日，一名学生因乘坐"黑车"被人绑架。他趁绑架自己的男子不注意时使用手机向警方发出求救信息。两小时后，民警发现并控制住了犯罪嫌疑人，同时立刻将该学生送往医院。

案例 2　放假期间，在某校门前，一名学生嫌走 100 米外的过街天桥麻烦，就翻越了马路中间的隔离栏准备横穿马路。此时，一辆满载沙石的大货车疾驰而来。由于大货车司机刹车不及时，该学生被撞倒，不幸当场死亡。

校内外的安全隐患众多，学生如果缺乏安全防范意识，不注意交通安全，很容易导致悲剧的发生。

请思考：你在出行时有过类似的经历吗？你觉得遇到此类事件应该如何应对呢？

我国的交通以道路交通为主，发生的交通事故也多以道路交通事故为主。道路设计不合理、交通管理不规范、司机交通法规意识淡薄、学生交通安全防范意识不强等都是造成学生道路交通事故的原因。因此，学生有必要学习一些行路（步行或骑车）与乘坐交通工具的安全知识，让自己的出行更加安全、顺利。

一、防范行路危机

被机动车撞伤是经常出现的行路危机。这类事故，有的是机动车司机违章造成的，如闯红灯、将机动车驶入非机动车道等；有的是学生造成的，如不按交通信号指示灯指示行走、违章翻越隔离带进入机动车道等。

（一）行路的危机预防

1. 步行的危机预防

学生在步行时，往往会对交通安全放松警惕，这会大大增加交通事故的发生概率。为确保自身安全，学生步行时要做到以下几点。

（1）通过路口或者横过马路时，应当走人行横道、过街天桥或地下通道。

（2）通过路口时，如果没有人行横道，要仔细观察交通信号指示灯，确认安全后再行走。

（3）通过有交通信号指示灯的人行横道时，应按照指示灯的指示通行。

（4）通过没有交通信号指示灯、人行横道的路口，或者在没有过街设施的路段横穿道路时，应首先确认是否安全。

（5）不要在道路上拦车、追车、扒车或抛物击车。

（6）不要在道路上玩耍、坐卧或进行其他妨碍交通的行为，不要边走路边玩手机等。

（7）不要钻越、跨越人行道护栏或道路隔离设施，不要擅自进入交通管制区。

（8）不要在机动车行驶的立交桥、高架道路、高速公路及其他禁止行人进入的道路上行走。

（9）雨天出行时，应尽量远离路边的高大树木、变压器、高压线路等；夜间出行时，应尽量选择有路灯的道路（见图 3-1），最好携带照明工具。

图 3-1　夜间出行时，应尽量选择有路灯的道路

（10）注意观察，一定要避开路边的无盖窨井。

法律法规

《中华人民共和国道路交通安全法实施条例》第七十四条规定："行人不得有下列行为：

（一）在道路上使用滑板、旱冰鞋等滑行工具；

（二）在车行道内坐卧、停留、嬉闹；

（三）追车、抛物击车等妨碍道路交通安全的行为。"

《中华人民共和国道路交通安全法实施条例》第七十五条规定："行人横过机动车道，应当从行人过街设施通过；没有行人过街设施的，应当从人行横道通过；没有人行横道的，应当观察来往车辆的情况，确认安全后直行通过，不得在车辆临近时突然加速横穿或者中途倒退、折返。"

2. 骑行的危机预防

自行车是学生出行的重要交通工具，学生骑车出行时要做到以下几点。

（1）骑车时应走非机动车道，如果没有非机动车道，应在道路两侧通行。

（2）骑车时应当按照交通信号指示灯的指示通行。遇到交通警察现场指挥的情况，应按照交通警察的指挥通行。在没有交通信号指示灯的道路上，应在确保安全、畅通的情况下通行。

（3）确保车闸、车铃等零件齐全有效。

（4）要依次行驶，按规定让行。

（5）要集中精力，谨慎骑行，不要边玩手机等边骑车。

（6）转弯前必须减速慢行，向后观望，伸手示意，不要突然变向。

（7）通过陡坡、横穿 4 条以上机动车道或途中车闸失灵时，必须下车推行。下车前要伸手上下摆动示意，不要妨碍后面车辆行驶。

（8）不要双手离开车把、手中持物或攀扶其他车辆。

（9）不要牵引车辆或被其他车辆牵引。

（10）不要扶身并行、互相追逐或曲折竞驶。

（11）不要擅自在非机动车上安装机械动力装置。

（12）不要违反规定载物、带人。

（二）行路的危机应对

面对行路时的突发危机，学生要做到以下几点。

（1）当机动车向自己所在的方向飞驰而来时，应立即向路边躲避，以免发生正面碰撞。

（2）在车祸发生后，应立即打电话报警。如果伤者伤势严重，还应拨打急救电话求助。在医护人员没有到来前，应采取初步的急救措施，如止血、包扎等。

（3）如果肇事车逃逸，应尽量记下肇事车的车牌号、车型、颜色及逃逸的方向等信息，并迅速报警，请求警方协助追查。

（4）从居民楼下经过时，可能会遇到高空掉落物品的情况，如放在阳台上的花盆掉落。此时应向安全处躲避，同时观察是否还有其他物品掉落。若有人被砸中且伤势较重，应拨打报警电话和急救电话求助。

互动空间

以小组为单位，就下列问题进行讨论、交流。

★ 步行或骑行外出时，哪些行为会对行路安全构成威胁？

★ 面对骑车时的突发危机，应该怎么办？

二、防范乘坐交通工具危机

学生在节假日外出时，一般都需要乘坐公共交通工具（如公共汽车、电车、地铁、火车）、出租车等。因此，学生应掌握一些预防和应对乘坐交通工具危机的常识，以确保出行安全。

（一）乘坐交通工具的危机预防

1．乘坐公共交通工具的危机预防

（1）乘坐公共汽车、电车、地铁及火车时，必须在指定地点候车（见图 3-2），不能在安全区域外候车。

图 3-2　在指定地点候车

（2）待车停稳后再排队上车，不要拥挤，不得携带易燃易爆危险品。

（3）上车后如果没有座位，应抓紧扶手，以免因车体在行进时发生晃动而受伤。

（4）下车时应注意脚下台阶，下车后不要从车前猛跑，要注意来往行人和车辆。

（5）乘车时，学生应将贵重物品随身携带。若发生失窃，应尽快与乘务员联系或报警。

乘坐火车安全注意事项

（6）不要长期滞留在车厢的连接处。

（7）火车中途停靠站的时间较短，尽量不要在此期间下车走动或买东西，以免漏乘。

2. 乘坐出租车的危机预防

（1）不乘坐无运营许可证的“黑车”。

（2）按规定系好安全带，如图 3-3 所示。

图 3-3　按规定系好安全带

（3）早间或夜间乘车时，要记住车牌号、运营公司标志、运营证号码等信息。

（4）上车后，注意车门及车窗开关是否正常，若发现有异常，或司机有喝酒、言语不正常等情形，应尽可能想办法下车。

（5）乘车途中不要睡觉，留心沿路景物，如发现有异常，应及时应对。

（6）在与司机交谈时，避免透漏个人真实信息、家中财产状况等。

（7）下车前，应按计价器显示金额付费并索要发票；下车开门时，要注意观察行人和车辆往来情况，以免发生碰撞。

安全贴士

交通事故的等级划分

交通事故按严重程度通常可分为轻微事故、一般事故、重大事故和特别重大事故 4 个等级。

（1）轻微事故是指一次造成轻伤 1～2 人，或者财产损失中机动车事故不足 1 000 元、非机动车事故不足 200 元的事故。

（2）一般事故是指一次造成重伤 1～2 人，或者轻伤 3 人以上，或者财产损失不足 3 万元的事故。

（3）重大事故是指一次造成死亡 1～2 人，或者重伤 3 人以上 10 人以下，或者财产损失 3 万元以上 6 万元以下的事故。

（4）特别重大事故是指一次造成死亡 3 人以上，或重伤 11 人以上，或死亡 1 人，同时重伤 8 人以上，或者死亡 2 人，同时重伤 5 人以上，或者财产损失 6 万元以上的事故。

（二）乘坐交通工具的危机应对

1．乘坐公共交通工具的危机应对

（1）如果车辆在行驶过程中起火，学生应立即用衣物捂住口鼻，打开车门、车窗等尽快逃生，并迅速远离起火车辆。

（2）遇到险情时，学生应双手紧紧抓住前排座椅、扶杆或把手等，并低

下头，利用前排座椅靠背或手臂保护头部。此时，学生要保持镇定，不要在高车速时跳车。出现伤亡情况时，学生应及时求救并拨打 120。

（3）遇到地铁停电时，学生不要自己动手打开车门，应等待工作人员将指定的车门打开，并按其指引快速有序下车，如图 3-4 所示。学生根据指引在隧道内行走时，要小心脚下，以免摔伤或者被障碍物碰伤。

图 3-4　按工作人员指引有序下车

（4）遇到地铁着火时，学生应立即拨打 119，或按动紧急报警按钮。若救火失败，应及时撤离车厢。

（5）如果所在车厢意外失火，学生不要擅自打开车门、车窗，要尽量向列车前部转移。若必须紧急撤离车厢，学生应在工作人员采取紧急制动措施并打开车门、车窗后撤离。当车门、车窗不能正常开启时，学生可使用消防锤或锐器砸碎车门或车窗玻璃逃生。

（6）当在车厢内遇到突发治安事件时，学生应首先确保自身的人身财产安全，不要轻举妄动，然后想方设法传递信息给列车工作人员，协助列车工作人员抓获歹徒。

2. 乘坐出租车的危机应对

（1）乘坐出租车时，要注意行车路线，一旦发现异常，应马上让司机停车或呼救。

（2）上车后，可与家人或朋友联系，并大声地告诉对方自己所乘车辆的车牌号、目的地及预计到达时间。

（3）如果发生车祸，应立即打电话报警。如果伤势严重，还应尽快拨打 120。

案例点评

某校学生赵某经常乘坐学校门口的“黑车”回家。有一次，赵某乘坐的“黑车”在经过一个十字路口的时候，由于车闸失灵，和迎面而来的客车相撞。该事故导致赵某遭受重伤，后经抢救无效死亡。

点评 学生赵某为图一时方便，明知是“黑车”却也不拒绝，不幸遭遇意外，令人唏嘘。在乘坐出租车出行时，一定要选择正规的出租车，只有这样才能使自己的人身财产安全得到最大保障。

单元二　注意旅游与住宿安全

情景案例——积极应对旅游危机

案例　某校一名学生在某山游玩时，因迷路报警求助。接到报警后，当地救援队立即调派救援人员赶赴现场。救援人员通过手机卫星定位、无人机红外搜寻等方式确定其具体位置，最终找到了该学生，并将他转移至山下安全区域。所幸该学生并未受伤，身体状况良好。

学生在遇到上述情况时一定不要慌乱，要保持镇定，耐心等待救援，切不可盲目自救。

请思考：你在外出旅游的过程中有过类似的经历吗？你觉得遇到此类事件应该如何应对？

一、警惕旅游危机

随着社会生活水平的提升，学生外出旅游的机会与日俱增。无论是近郊旅游，还是远途观光，都需要了解一些安全常识，以备不测。

（一）旅游的危机预防

1. 旅游安全提示

（1）外出旅游前，应通过旅行社或网络了解目的地的相关情况，如气候和地理环境、风土人情等，并做好相应的准备，如根据当地的气候特点准备适宜衣物及常用药品。

（2）提前准备好学生证、身份证等有效证件。

（3）选择跟团旅游时，要选择正规的旅行社，以保障自身的权利和安全。跟团旅游要听从导游安排（见图 3-5），不要单独行动。

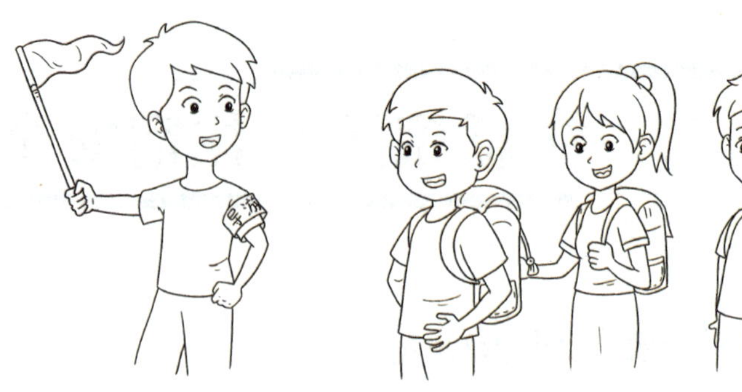

图 3-5　听从导游安排

（4）不要到未开发的景区、有危险的震区旅游。

（5）在人员密集的地方一定要注意防盗，看管好自己随身携带的物品。

2．公园、游乐场及动物园游玩的危机预防

（1）在乘坐过山车、海盗船等时，应将钱包、手机及首饰收放好或交由同伴保管。听从工作人员的指挥，不在机器运转时解开安全带。有高血压、恐高症、心脏病的学生不要游玩此类项目。

（2）到动物园游玩时，应站在安全线外，不要用随身携带的食物投喂动物，不要激怒动物。到野生动物园参观时，要听从管理人员的安排，不要擅自下车或开启车窗，以防凶猛的动物突然袭击。

3．水边游玩的危机预防

（1）在海边游玩时，学生应选择救生设施完备的大型海水浴场。前往沙滩时，最好不要携带贵重物品或将贵重物品交给同伴看管。最好结伴游玩，并且要避免去偏僻的区域游泳。此外，不要在海边的礁石上逗留过长时间，以免涨潮后被困。

（2）江、河、湖、塘等水域中，靠近岸边或较浅的地方常有杂草或淤泥，学生应尽量避免到这些地方游泳。不接近有旋涡的地方。如果已经接近，应立刻平卧在水面上，沿着旋涡的切线顺旋流方向快速游过，切勿踩水。

（3）在参加漂流项目时，不要携带怕沾水的物品，以免掉落或损坏；必须穿救生衣，以防发生溺水等意外。

4．山区游玩的危机预防

（1）一定要量力而行，不选择偏僻小路。

（2）爬雪山时，要注意防寒保暖。雪山地形险恶，最好在导游的带领下攀爬。

（3）在山区游玩时，若发现蜂巢或有攻击性的动物，应绕行，以免被动物袭击。

（4）不要随意采食野生植物的果实或野生蘑菇，以免发生食物中毒。

5．冰雪地区游玩的危机预防

（1）在冰雪地区游玩时，应注意防寒、防滑。冰雪地区气温大都在零下二十几度，应注意防寒保暖；冰雪路面较滑，最好穿防滑鞋，以免摔伤。

（2）在雪地行走时，要防止踏空摔伤。当道路大多被积雪覆盖时，不要贸然前行，应先探明积雪深浅。

（3）滑雪时，应按照工作人员的要求做好安全防护。若初次滑雪，要请专业教练进行技术指导。为避免雪盲，最好佩戴雪镜。

野外生存求救信号

在野外迷路时，可借助以下信号向外界求救。

（1）烟火信号。将烟火作为联络信号进行求救是非常有效的。遇险时，若是白天，可在火堆上放些苔藓、青嫩树枝等使之产生浓烟；若是晚上，可在火堆上放些干柴，使其烧得更旺、火焰更高。黑烟在雪地或沙漠中最醒目，可点燃橡胶或汽油来产生黑烟。

点燃3堆烟火是国际通行的求救信号，即将火堆摆放成三角形，每堆之间间隔相等。这样安排也方便点燃。

如果受到气象条件限制，烟雾只能在近地表飘动，可以加大火势。暖气流上升势头变猛后，会携带烟雾到较高的地方。

（2）地对空信号。在比较开阔的地面，如草地、雪地上可以制作地面标志。例如，把青草割成一定标志图案，或在雪地上踩出一些标志图案，以便与空中取得联络。

(3)体示信号。当与救援人员距离较近时，在大声呼救的同时，可用双手大幅挥舞与周围环境颜色反差较大的衣物，示意此处有人遇险。

(4)反光信号。用镜子、罐头盒盖、玻璃等对着阳光随意反射，反射光束能引人注意。尤其当天空中有飞机经过时，应快速发出反光信号。

(5)留下信息。野外迷路时，沿途应留下一些信号物或方向指示标志，以便让救援人员发现或在自己计划原路返回时有据可依。地面的信号物能使救援人员获知你的位置；方向指示标志有助于他们判断你的行动路径。方向指示标志可以采用如下方法制作。

① 将岩石块或碎石片摆成箭形。

② 将棍棒支撑在树杈间，顶部指着行动方向。

③ 在地上放置一根分叉的树枝，用分叉点指示行动方向。

④ 用小石块垒成一个大石堆，在其旁边再放一个小石块指向行动方向。

⑤ 在树干上刻出箭形凹槽表示行动方向。

⑥ 两根交叉的木棒或石头意味着此路不通，表示危险或紧急。

(二) 旅游的危机应对

1. 公园、游乐场及动物园游玩的危机应对

(1)在公园或游乐场乘坐游乐设施时，如出现头晕、呕吐等症状，应示意工作人员停止设备的运行，并尽快从游乐设施上下来。

(2)当游乐设施突然停电或者出现故障时，应保持镇定，不要乱动，以待救援。不要试图解开安全带自行爬出，以防设备突然启动将人甩出或使人踩空滑落。

(3)当在动物园遇到较危险的动物时，应快速离开危险区域。如果遇到动物攻击，可向饲养员等工作人员寻求帮助。

案例点评

某游乐场过山车在启动爬升过程中，因设备外部变电站跳闸而突然停止运行。正在上升的过山车停在轨道上，32 名游客被困。事故发生后，该

游乐场立即启动应急机制，开展救援工作。最终，32 名游客被安全救下，无人伤亡。

点评　学生在遇到上述情况时一定不要慌乱，要保持镇定，等待工作人员的救援，切不可自行解开安全带爬出，防止发生危险。

2．水边游玩的危机应对

（1）游泳时如遇脚抽筋，应马上将腿屈起，用力将脚扳直。抽筋后，尽量改用其他姿势游回岸边。

（2）游泳时出现耳痛、耳鸣，可能是耳朵里灌水或鼻子呛水导致的。此时应快速上岸，将头歪向耳朵进水的一侧，用手拉住耳垂，用同侧腿进行单足跳；也可将手心对准耳道，用手把耳朵堵严压紧，然后迅速将手拔开。

（3）游泳时出现头晕、头痛，可能是游泳时间过长，机体能量消耗较大，血液聚集于下肢造成了脑缺血。此时应立即上岸休息，并适当喝些淡糖水或盐水。

（4）游泳时若不慎被水草缠住或陷入淤泥中，首先要保持镇定，不可踩水或手脚乱动，应使用仰泳方式沿原路慢慢退回，或平卧于水面，使两腿分开，用手去除水草，如图 3-6 所示。

图 3-6　用手去除水草

3．山区游玩的危机应对

（1）如果在爬山时迷了路，可以通过太阳、星星、树干等分辨方向。

（2）如果突然遇到有攻击性的动物，应保持镇定，慢慢后退，远离威胁。如果被毒蛇、毒蜂等袭击，应先用所带医疗物品简单处理伤口，然后尽快到医院治疗。

4．冰雪地区游玩的危机应对

（1）在冰雪中行进时一旦踏空，要尽量后倾，用双手护住头，同时大声呼救。

（2）若眼睛被冰雪反射的强光刺痛，千万不要揉挤，要用手帕或围巾遮住眼睛，静静地缓和一会儿。

（3）一旦掉进冰窟窿，要用尽全力爬上冰面，如不断用双手划水、双脚踩水，使身体浮起来，并用力打碎身前的薄冰，找到足以支撑身体的冰面，使身体呈水平状态，逐渐爬上冰面，再滚动着靠近岸边。

互动空间

学生王某准备在假期到某景区游玩。没怎么出过家门的王某担心在游玩过程中遇到危机事件，你能运用自己所学的知识，给王某一些外出游玩的安全提示吗？

二、警惕住宿危机

（一）住宿的危机预防

学生外出游玩需要住宿时，找一个安全、舒适的住所至关重要。住宿不仅要使疲惫的身体得到休息，而且要充分保障人身财产安全。

1．宾馆的选择

在出行前，可通过网络查看目的地的宾馆分布情况和价格，再通过电话询问配套设施和房间的情况。尽量不要选择火车站、长途汽车站附近的宾馆，这些地方客源复杂，安全隐患较多。

2．入住的注意事项

（1）入住登记前应询问价格，也可向服务人员提出查看房间条件和卫生状况的要求，确认安全后再入住。入住后应收好房卡或房门钥匙等。此外，应熟悉宾馆安全出口的位置，以便发生危险时尽快脱险。

（2）进入房间后，应查看房间的门窗是否能正常启闭，锁链、插销是否有损坏。如有损坏，应更换房间。此外，还须查看房间内物品是否完好，床单、被套等是否洁净，空调、电视机、电源开关等是否有损坏。如需更换，可通知服务台。

（3）入住后，睡觉前应锁好房门，挂上锁链或插上插销。不要在宾馆房间内使用电炉、电饭煲、电熨斗等，以免失火。若有陌生人敲门，不要轻易开门。

（4）如果和陌生人同住多人间，要特别注意人身及财物的安全。不要在陌生人面前露富，不要谈及自己的家人及家庭住址，更不要给陌生人留自己的电话号码，以防被骗。

（5）外出时带好房卡或房门钥匙，随身携带贵重物品；还可将宾馆的联系卡片带在身上，以防迷路。

（6）离开时需要办理退房手续。退房时，有的宾馆会清点房间物品。如有物品损坏，应照价赔偿。另外，一些宾馆的房间内有饼干、薯片等零食，食用前应先确认是否需要付费。

安全贴士

如何检查房间内是否有针孔摄像头

入住宾馆后最好确认一下房间是否安装针孔摄像头，以免隐私泄露。具体方法有以下几种。

（1）关闭房间内的灯，拉上窗帘，打开手机相机的录像功能进行拍摄。如果发现有亮点，检查亮点处。

（2）使用手电筒照射房间有孔的地方，如果存在反光现象，极有可能存在针孔摄像头。

（3）仔细检查便于隐藏针孔摄像头的地方，如纸巾盒、挂钩、插孔、路由器、电视机、烟雾报警器、淋浴喷头、马桶抽水箱等。

（二）住宿的危机应对

住宿的危机应对

（1）在宾馆乘坐电梯时，如遇到电梯故障或停电，应保持镇定，以待救援。切不可强行扒门或扒撬安全窗，以免增加危险。

（2）如发现物品被盗，应立即通知服务台或报警求助。

（3）如发生火灾，应先采取自救措施，并打电话给服务台或报警求助，也可在窗口呼喊求助。若所居住的楼层较低，可借助被单等通过窗户逃生。

（4）如误入“黑宾馆”，应注意不与工作人员发生正面冲突，以免受到人身伤害。此时应尽可能争取自身的利益，并保存好相关证据，离开后向旅游管理部门或工商管理部门投诉，或者直接报警。

案例点评

某学生暑假时和同学一起去外地旅游。下火车后，他们在火车站附近找了一家宾馆入住。办完入住手续进入房间后，他们发现房间又小又旧，床上的被子乱作一团，地上扔着烟头，垃圾桶中的泡面盒散发着阵阵恶臭。二人马上要求退房，但工作人员根本不给退，还说脏话。因为人生地不熟，二人忍住了动手的冲动，自认倒霉。

点评　“黑宾馆”存在于各部门监管的盲区，乱象丛生，安全隐患极多。遇到此类宾馆，学生要多加小心，在保证自身安全的情况下可向有关部门投诉或报警。

要点回顾

本模块主要讲解了学生出行时可能遇到的危机事件，以及其预防与应对措施。请同学们根据图 3-7 所示的思维导图来复习本模块介绍的安全要点，加深对本模块知识的理解。

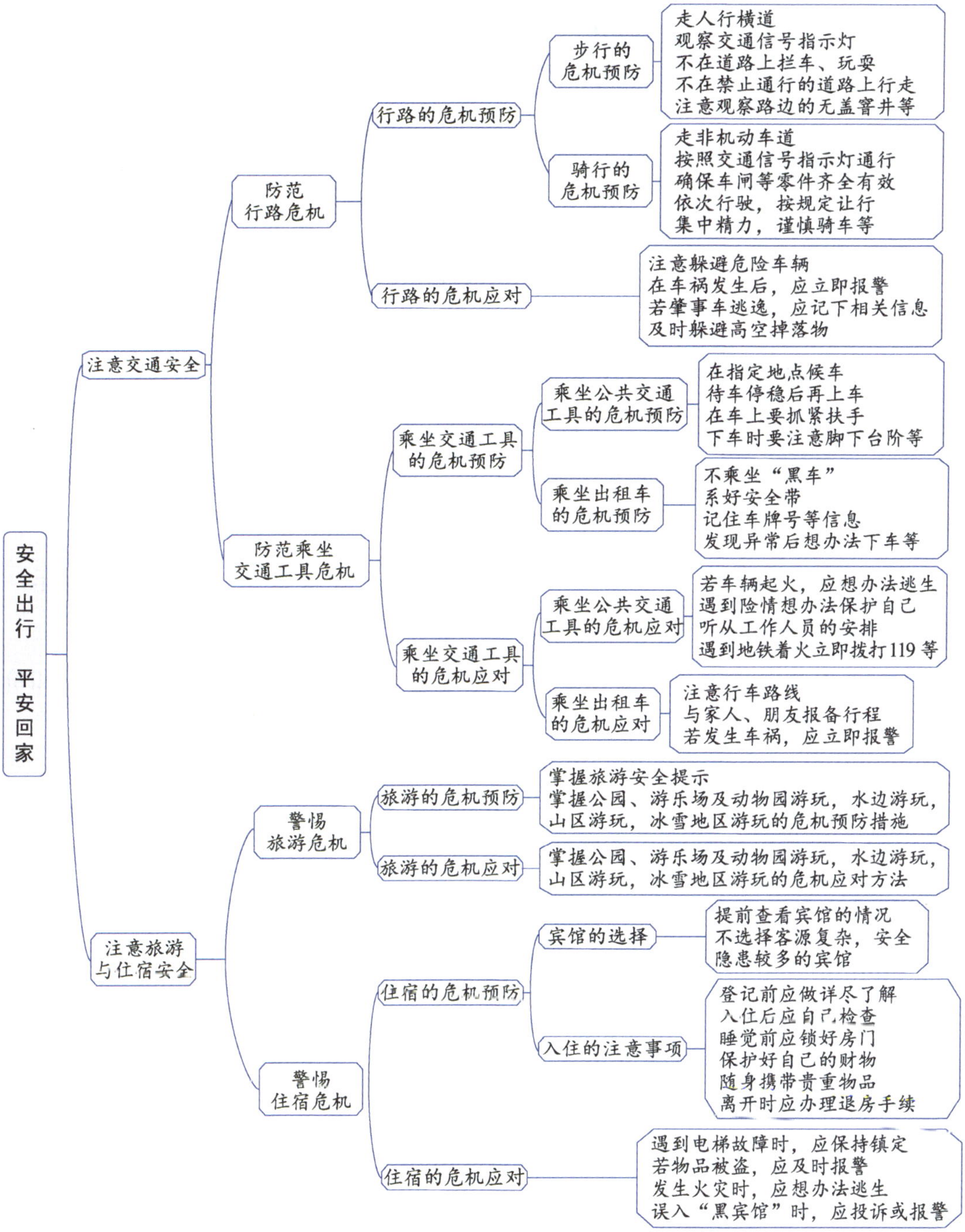

- 安全出行　平安回家
  - 注意交通安全
    - 防范行路危机
      - 行路的危机预防
        - 步行的危机预防
          - 走人行横道
          - 观察交通信号指示灯
          - 不在道路上拦车、玩耍
          - 不在禁止通行的道路上行走
          - 注意观察路边的无盖窨井等
        - 骑行的危机预防
          - 走非机动车道
          - 按照交通信号指示灯通行
          - 确保车闸等零件齐全有效
          - 依次行驶，按规定让行
          - 集中精力，谨慎骑车等
      - 行路的危机应对
        - 注意躲避危险车辆
        - 在车祸发生后，应立即报警
        - 若肇事车逃逸，应记下相关信息
        - 及时躲避高空掉落物
    - 防范乘坐交通工具危机
      - 乘坐交通工具的危机预防
        - 乘坐公共交通工具的危机预防
          - 在指定地点候车
          - 待车停稳后再上车
          - 在车上要抓紧扶手
          - 下车时要注意脚下台阶等
        - 乘坐出租车的危机预防
          - 不乘坐“黑车”
          - 系好安全带
          - 记住车牌号等信息
          - 发现异常后想办法下车等
      - 乘坐交通工具的危机应对
        - 乘坐公共交通工具的危机应对
          - 若车辆起火，应想办法逃生
          - 遇到险情想办法保护自己
          - 听从工作人员的安排
          - 遇到地铁着火立即拨打119等
        - 乘坐出租车的危机应对
          - 注意行车路线
          - 与家人、朋友报备行程
          - 若发生车祸，应立即报警
  - 注意旅游与住宿安全
    - 警惕旅游危机
      - 旅游的危机预防
        - 掌握旅游安全提示
        - 掌握公园、游乐场及动物园游玩，水边游玩，山区游玩，冰雪地区游玩的危机预防措施
      - 旅游的危机应对
        - 掌握公园、游乐场及动物园游玩，水边游玩，山区游玩，冰雪地区游玩的危机应对方法
    - 警惕住宿危机
      - 住宿的危机预防
        - 宾馆的选择
          - 提前查看宾馆的情况
          - 不选择客源复杂，安全隐患较多的宾馆
        - 入住的注意事项
          - 登记前应做详尽了解
          - 入住后应自己检查
          - 睡觉前应锁好房门
          - 保护好自己的财物
          - 随身携带贵重物品
          - 离开时应办理退房手续
      - 住宿的危机应对
        - 遇到电梯故障时，应保持镇定
        - 若物品被盗，应及时报警
        - 发生火灾时，应想办法逃生
        - 误入“黑宾馆”时，应投诉或报警

图 3-7　思维导图

学习检验

一、填空题

（1）在车祸发生后，应立即____________。如果伤者伤势严重，还应拨打____________求助。在医护人员没有到来前，应采取初步的急救措施，如____________、____________等。

（2）游泳时如遇脚抽筋，应马上____________，用力将脚扳直。

（3）雨天出行时，应尽量远离路边的____________、____________、____________等；夜间出行时，应尽量选择____________的道路行走，最好携带____________。

（4）乘坐公共汽车、电车、地铁及火车时，必须在____________候车，不能在安全区域外候车。

（5）在出行前，可通过网络查看目的地的____________分布情况和价格，再通过电话询问____________和____________的情况。

二、判断题

（1）如果机动车肇事者逃逸，不用记下肇事车的车牌号、车型、颜色及逃逸的方向等信息，因为这些信息可通过监控获知。（　　）

（2）通过路口或者横过马路时，应当走人行横道、过街天桥或地下通道。（　　）

（3）当在车厢内遇到突发治安事件时，应首先保护好自身的人身财产安全，不要轻举妄动。（　　）

（4）外出选择酒店时，不要轻易相信在火车站或长途汽车站附近的拉客者，以免上当受骗，也尽量不要选择火车站、长途汽车站、大型商品批发市场附近的旅馆，这些地方客源复杂，安全隐患较多。（　　）

（5）如果和陌生人同住多人间，可以和他们谈及自己的家庭住址等基本信息。（　　）

三、问答题

（1）学生应如何预防乘坐出租车的危机？

（2）若乘坐火车时所在车厢意外失火，学生应如何应对？

（3）学生应该如何应对冰雪地区游玩的危机？

（4）学生在住宿时会遇到哪些危机？应如何应对？

学以致用——安全实践活动

一、实践背景

假期，学生的出行活动大幅增多。然而，交通环境日益复杂，学生走路看手机、随意横穿马路、骑行闯红灯、不佩戴安全头盔，以及驾驶员未按规定让行、醉驾、无证驾驶等不良交通行为时有发生，致使学生面临各种潜在的风险和不安全因素。

为了进一步掌握出行的危机预防和应对措施，增强安全意识，全班学生分组开展“出行安全”演讲比赛实践活动。

二、实践步骤

（1）将全班学生分成若干组，每组 7～8 人，并选出一名小组负责人。

（2）小组负责人组织小组成员，搜集与“出行安全”话题相关的资料。资料应包括出行中遇到的危机事件及其预防与应对措施。小组成员在汇总、整理后，将相关信息记录在下列空白处。

① 出行中遇到的危机事件。

② 上述危机事件的预防与应对措施。

（3）小组负责人进行任务分配，如整理资料的负责人、上台演讲人员等，并组织小组成员进行演讲排练。

（4）指导教师组织学生进行演讲比赛，各组上台演讲。

学习评价

指导教师根据学生的实际学习成果对其进行评价，学生配合指导教师，完成表 3-1 所示的学习成果评价表。

表 3-1　学习成果评价表

<table>
<tr><th rowspan="2">评价项目</th><th rowspan="2">评价内容</th><th rowspan="2">分值</th><th colspan="3">评价分数</th></tr>
<tr><th>自评</th><th>他评</th><th>师评</th></tr>
<tr><td rowspan="4">知识
（40%）</td><td>行路的危机预防与应对</td><td>10 分</td><td></td><td></td><td></td></tr>
<tr><td>乘坐交通工具的危机预防与应对</td><td>10 分</td><td></td><td></td><td></td></tr>
<tr><td>旅游的危机预防与应对</td><td>10 分</td><td></td><td></td><td></td></tr>
<tr><td>住宿的危机预防与应对</td><td>10 分</td><td></td><td></td><td></td></tr>
<tr><td rowspan="3">技能
（40%）</td><td>搜集的资料内容丰富、全面</td><td>10 分</td><td></td><td></td><td></td></tr>
<tr><td>演讲主题突出，感染力强</td><td>10 分</td><td></td><td></td><td></td></tr>
<tr><td>实践活动整体完成情况良好</td><td>20 分</td><td></td><td></td><td></td></tr>
<tr><td rowspan="4">素养
（20%）</td><td>积极参加教学活动，主动学习、思考、讨论</td><td>5 分</td><td></td><td></td><td></td></tr>
<tr><td>认真负责，按时完成学习、实践任务</td><td>5 分</td><td></td><td></td><td></td></tr>
<tr><td>团结合作，与组员密切配合</td><td>5 分</td><td></td><td></td><td></td></tr>
<tr><td>具有正确的安全防范意识</td><td>5 分</td><td></td><td></td><td></td></tr>
<tr><td colspan="2">合计</td><td>100 分</td><td></td><td></td><td></td></tr>
<tr><td>总评</td><td>自评（20%）+他评（20%）+师评（60%）= ____________</td><td>综合等级：</td><td colspan="3">指导教师（签名）：</td></tr>
</table>

模块四　网海无涯　安全航行

模块导读

学生在上网时会遇到一些网络安全问题，如网络不良信息、网络综合征、网络诈骗等。网络安全问题严重危害学生的身心健康。本模块主要讲解如何预防和应对网络不良信息、网络综合征和网络诈骗。

学习目标

知识目标

- 掌握网络不良信息的危害及其预防与应对措施。
- 掌握网络综合征的危害及其预防与应对措施。
- 掌握网络诈骗的常用手法及其预防与应对措施。

素质目标

- 增强个人网络安全意识，远离网络不良信息。
- 树立正确的网络安全观，养成文明上网的好习惯。

单元一 远离网络不良信息

情景案例——沉溺网游，毒害身心

案例 1 某日凌晨，学生黄某在一广场附近连续砍伤5人，后被民警抓获。据了解，黄某长期沉迷于杀人类型的网络游戏，产生了厌世情绪，遂用随机砍人的方式，以求被警察击毙。

案例 2 小林是一名在校学生。寒假期间，他突然感觉右耳嗡嗡响，有发胀感。起初，他以为是熬夜没休息好所致，没将此事放在心上。第二天睡醒以后，他感觉耳朵还是嗡嗡响，听力也明显下降，且头晕得厉害，于是赶紧到医院就诊。接诊的医生询问后得知，小林在寒假期间总是戴着耳机玩游戏，有时候一玩就是十几个小时。最终，小林被确诊为突发性耳聋。

网络游戏容易使学生产生上瘾等心理疾病，也会造成自主神经紊乱、体内激素水平失衡、听力下降等生理疾病，严重时甚至可能导致死亡。学生不应因沉溺于网络游戏而远离正常的生活和学习。

请思考： 你还知道哪些因沉迷网络而使身心受到伤害的事件？你觉得应该如何预防这些事件的发生？

一、网络不良信息的类型及其危害

常见的网络不良信息包括淫秽、色情信息，网络暴力信息，政治错误信息，迷信信息，以及厌世信息等，它们所传递的是混乱、扭曲的世界观、人生观和价值观。大多数学生对网络不良信息的鉴别能力较差，若长时间受到网络不良信息的影响，则很难形成正确的世界观、人生观和价值观。

（一）淫秽、色情信息及其危害

淫秽、色情信息是指以文字、图片、音频、视频等形式，宣扬淫秽、色情行为，挑动学生性欲，毒害学生身心，使学生腐化堕落的、没有艺术和科学价值的信息。

网络上的淫秽、色情信息几乎无处不在，令人防不胜防。学生作为新兴事物的积极体验者，是使用网络最活跃的群体。淫秽、色情信息通过网络对学生造成精神污染，严重摧残学生的身心健康，会使他们误入歧途，甚至走上堕落和犯罪的道路。

（二）网络暴力信息及其危害

网络暴力信息是一种以非理性的方式宣扬喋血、斗殴、绑架、强暴、凶杀、战争、恐怖等内容，让人丧失同情心，变得好勇好斗，为达到个人目的而不择手段的信息。

经常接触网络暴力信息，学生会逐渐形成扭曲、错误的思想观念，并将这种思想观念映射到现实生活。例如，一些学生将虚拟世界里的恩怨带到现实社会中，拉帮结派，打架斗殴。

（三）政治错误信息及其危害

政治错误信息是指以一种煽动的方式宣传违背历史潮流、社会发展规律等的政治谬论，这种错误信息会动摇学生的理想、信念和意志。

对于涉世不深，缺乏政治分析、识别、选择和批判能力的学生来说，政治错误信息具有很大的迷惑性和欺骗性。学生对社会的复杂性和改革的艰巨性估计不足，对西方敌对势力和政治异见分子认识不深，不能做出理性而全面的分析。因此，政治错误信息很容易使学生产生认识偏差，导致政治立场不坚定。

（四）迷信信息及其危害

迷信信息是一种非科学、非理性的信息。常见的迷信信息有邪教、卜卦等传达的歪理邪说。迷信信息会封闭学生的思维，奴役学生的精神，毁灭学生的情感，扼杀学生的尊严和自由。一些邪教会将学生作为重点侵蚀对象，学生应对网上的迷信信息高度警觉。

（五）厌世信息及其危害

厌世信息是指渲染悲观情绪，使人产生心理健康问题的反社会信息。一些学生因为学习、就业、社交等压力，选择沉溺于网络，企图远离烦恼。此时，学生如果接触到网上的厌世信息，则可能会滋生轻生的念头。

案例点评

某校学生王某，品学兼优，性格开朗，最近却突然变得沉默寡言，还因同学的一句玩笑话而举拳相向。一次，王某的父母在其书包里找到一把匕首，他们对此十分忧心。

后来，在心理医生的帮助下，王某的父母才了解到情况。原来王某背着父母悄悄地玩了差不多一年的网络暴力游戏，大脑混乱不堪，充斥着各种网络暴力信息。王某产生了严重的心理紊乱和障碍，甚至分不清现实和游戏。最终，王某不得不退学接受治疗。

点评　王某对网络暴力游戏危害的认识不到位，导致自己的身心受到摧残。学生应树立正确的上网观念，远离虚无缥缈的网络世界，不沉溺于网络暴力游戏，确保身心健康。

法律法规

《互联网信息服务管理办法》第十五条规定：“互联网信息服务提供者不得制作、复制、发布、传播含有下列内容的信息：

（一）反对宪法所确定的基本原则的；

（二）危害国家安全，泄露国家秘密，颠覆国家政权，破坏国家统一的；

（三）损害国家荣誉和利益的；

（四）煽动民族仇恨、民族歧视，破坏民族团结的；

（五）破坏国家宗教政策，宣扬邪教和封建迷信的；

（六）散布谣言，扰乱社会秩序，破坏社会稳定的；

（七）散布淫秽、色情、赌博、暴力、凶杀、恐怖或者教唆犯罪的；

（八）侮辱或者诽谤他人，侵害他人合法权益的；

（九）含有法律、行政法规禁止的其他内容的。”

二、网络不良信息危害的预防

为了预防网络不良信息的危害，学生应该努力提高自身修养，养成健康、文明、科学的上网习惯，加强对网络不良信息的防范。具体来说，学生可以采取以下措施进行预防。

（一）选择安全网站

选择对自己有帮助的安全网站，远离网络不良信息（见图 4-1），不随意打开不熟悉的网站。学生上网时，可以利用收藏夹收藏对自己有帮助的网站。

图 4-1 远离网络不良信息

（二）利用可以信赖的搜索引擎

学生在收集所需要的信息时，应选用可以信赖的搜索引擎。对于学生而言，学会辨别和使用健康、可信赖的搜索引擎很有必要。

（三）拒绝安装陌生的软件

有些网络不良信息会附带在某些软件上，学生一旦安装了这些软件，在使用时便会看到大量的不良信息。学生必须警惕此类软件，尽量不要在电脑或手机上安装陌生的、存在风险的软件，以免其夹带的病毒危害电脑或手机系统。

（四）注意手机上网的安全防护

手机已成为学生学习和生活中必不可少的工具。学生在使用手机时，应注意安全防护。手机安全防护的主要措施是安装安全软件，这些软件的功能包括病毒防护、防盗保护、隐私保护、加密、反垃圾邮件等。

此外，学生在使用网络时，尽量不要发布自己的电话、家庭住址、邮箱等私密信息，以避免垃圾邮件、垃圾短信等不良信息的侵扰。

互动空间

学生小明曾经学习很好，后来在同学的影响下逐渐迷上了网络游戏。小明整天熬夜打游戏，学习成绩一落千丈。

以小组为单位，就上述案例进行讨论、交流：

★ 小明如果继续熬夜打游戏，还会产生哪些更严重的后果？

★ 面对各种网络不良信息的危害，应该如何预防？

三、网络不良信息危害的应对

学生在面对网络不良信息时，可以采取以下措施。

（一）冷静处理，不要慌张

面对网络不良信息，应该保持冷静，不要惊慌失措。他人传播网络不良信息的目的就是想引起慌张和恐惧。盲目反击与辱骂的行为会进一步刺激传播者，因此应该调整心态，不给对方机会。

（二）保存证据

保存屏幕截图、聊天记录、邮件、文件等，在日后进行投诉或者报案时可以将其作为证据。

（三）主动联系相关平台

可以在网站或 App 的“举报”或“客服”通道中进行举报、投诉，或者通过官方邮箱或客服电话联系相关平台。

（四）寻求帮助

当网络不良信息造成的危害很难独自应对时，可以向家人、朋友、社会机构寻求帮助。如果网络不良信息严重影响到人身安全和财产利益，可以向公安机关报案，或咨询相关律师、公益组织的法务等。

（五）积极治疗，自我调适

当网络不良信息危害到心理健康时，可以找心理医生进行治疗，也可以进行自我调适，如进行放松练习、与积极的人互动、保持适当的休息和运动等。

法律法规

《中华人民共和国网络安全法》第十四条规定：“任何个人和组织有权对危害网络安全的行为向网信、电信、公安等部门举报。收到举报的部门应当及时依法作出处理；不属于本部门职责的，应当及时移送有权处理的部门。

有关部门应当对举报人的相关信息予以保密，保护举报人的合法权益。”

单元二　防范网络综合征

情景案例——网络综合征是怎样形成的

案例　王某毕业后没找到工作，遭受打击的他将全部的情感转移到网络中，整天关着门上网。毕业两年，王某一直在家待着，不愿找工作。无奈的父母将他带到医院心理科咨询。医生建议王某先远离网络一段时间，王某说：“你们不让我上网，那我干什么？”被问及对未来有什么打算，他一脸茫然。在医院待一会儿，他就急着回家，怕有网友联系不到他。据医生诊断，王某患上了网络综合征。

王某因在现实生活中受挫而逃避现实，沉迷于网络，患上了网络综合征。广大学生应树立正确的网络意识，充分认识网络综合征的巨大危害，抵制诱惑，脚踏实地，认真学习。

请思考： 你还知道网络综合征的哪些症状？你觉得应该如何预防网络综合征？

网络综合征是学生沉迷网络而引发的各种生理、心理障碍的总称。网络综合征又称互联网成瘾综合征，简称网瘾。患上网络综合征的学生对现实生活十分冷漠，而对虚拟的网络游戏、信息等很痴迷，往往不能区分现实与虚拟世界。网络综合征会对学生的学业、家庭及人际关系造成恶劣的负面影响。

网络成瘾诊断量表

一、网络综合征的表现

（1）出现焦虑、忧郁、烦躁不安等心理症状。

（2）出现心跳加速、手心发冷等生理表现，更有甚者，不上网时手指会

不停地抖动，乃至全身颤抖、痉挛。

（3）整夜游荡在虚拟的环境中，对上网时间毫无节制，白天学习效率低下。

（4）对现实生活毫无兴趣，人际关系淡漠。

（5）学习与生活能力明显下降。

安全贴士

网络综合征的 10 条标准

（1）下网后总念念不忘“网事”。

（2）总嫌上网的时间太少。

（3）无法控制上网时间。

（4）一旦减少上网时间就感到焦躁不安。

（5）一上网就能消散种种不愉快。

（6）认为上网比上学做功课更重要。

（7）为上网宁愿失去人际交往和工作。

（8）不惜支付巨额上网费。

（9）对亲友掩盖频频上网的行为。

（10）下网后有疏离、失落感。

在上述 10 条标准中，如果符合 4 条以上，便可以判断为网络综合征。

二、网络综合征的危害

（一）影响生理健康

（1）学生长时间处在电脑辐射的环境中而没有任何防护措施时，会出现中枢神经紊乱的症状。

（2）学生使用电脑时一般都保持着固定的姿势，长时间盯着屏幕，会出现腰酸背痛、眼睛干涩、视力下降、头昏等不适症状，如图 4-2 所示。

图 4-2　出现不适症状

（3）学生长时间使用电脑时，由于注意力高度集中，身体会不堪重负，从而出现失眠多梦、头部酸疼、身体免疫力下降等症状，甚至会诱发精神方面的疾病。

（二）影响心理健康

网络综合征患者其实是在通过上网来逃离现实，因此，大多数患者孤僻、敏感、抑郁，缺乏社会交往能力。过分地将互联网作为一种交际方式容易让学生产生自闭心理，对于健康心理的养成有百害而无一利。此外，用低质量的网络人际关系取代高质量的现实人际关系，不利于学生的社会交往和自身发展，以及自身的独立和心理的成熟。

心理健康工作要适应网络空间新挑战

教育部等十七部门联合印发的《全面加强和改进新时代学生心理健康工作专项行动计划（2023—2025 年）》强调充分利用广播、电视、网络等媒体平台和渠道，广泛开展学生心理健康知识和预防心理问题科普，广泛汇聚向真、向善、向美、向上的力量，以时代新风塑造和净化网络空间，共建网上美好精神家园。

虽然互联网在一定程度上扩大了学生的人际交往范围，能够满足其情感表达和心理发展需要，但学生如果在互联网环境获得的快乐比现实世界多，在现实世界遇到挫折时就容易把更多的时间和精力投入网络交往中，淡化现实世界中的情感联络与情感体验，造成情绪低落、孤僻冷漠、网络沉迷、情感隔离、自我封闭、人际信任危机、消极逃避、悲观厌世等心理问题。因此，心理健康工作必须适应互联网环境带来的新挑战，并充分运用互联网进行开展。

（1）要开发适合互联网传播模式、符合学生接受方式的心理健康教育资源。有效利用互联网拓展心理健康教育的途径和覆盖面，开发具有思想性、知识性、趣味性、实效性，符合学生心理需求和发展需要的心理健康资源。

（2）要健全互联网心理健康教育模式。消除学生遇到情绪、情感、心理健康问题时不愿意寻求帮助或接受心理咨询的顾虑，发挥互联网在学生心理危机预防、干预和管理中的优势。

（3）要建设好专业化互联网心理健康教育工作队伍。引导教师积极参与学生心理健康教育工作，形成由专业心理健康教师、学生心理咨询员、心理教育专家等构成的学生心理健康教育“网格化”队伍，明确工作职责和具体任务，形成互相联系、相互配合的心理健康教育工作格局。

（4）要创设有利于学生心理健康发展的互联网环境。创新心理健康教育宣传方式，增强心理健康教育影响力，加强心理健康家庭教育指导服务。完善网络立法工作，及时监控、处理有害信息，净化网络空间。

（资料来源：张晋，《心理健康工作要适应网络空间新挑战》，《中国教育报》，2023 年 5 月 24 日。有改动）

（三）浪费社会资源，影响社会发展

在患上网络综合征后，学生会过分依赖网络，将大好年华都浪费在虚拟网络中。网络是一个丰富的信息场，能给学生提供大量可以代替思考的信息。长期的网络生活，会让学生产生强烈的依赖感和惰性，从而丧失思考问题的能力与推动社会进步所需的创造力。

三、网络综合征的预防

网络综合征本质上是对网络的强烈依赖。预防网络综合征，自我调控是根本，寻求心理咨询员或亲友的帮助是辅助。学生预防网络综合征应做到以下几点。

（1）控制上网频率，每天上网的次数不能过多。

（2）限制每次上网的时间，尽量不超过 2 小时，尤其是在夜晚。

（3）明确每次上网的内容，有选择性地浏览自己所需要的内容。

（4）让家长或朋友严格监督自己的上网时间和上网内容。

（5）注意健康饮食，可以适当地吃一些富含维生素和蛋白质的食物。

四、网络综合征的应对

（一）接受心理教育和心理咨询

如果发现自己出现网络综合征的迹象且无法自我调控时，学生应该主动寻求心理咨询和治疗。针对网络综合征的治疗方法有很多，包括心理学知识介绍、网络心理治疗、心理测试、心理咨询等。其中，网络心理治疗具有隐蔽性，学生可以没有那么多的顾忌，大胆真诚地说出自己的症状或问题，以获得最大的帮助。

（二）进行自我警示，充实日常生活

患上网络综合征的学生可以采用具体的办法进行自我警示。例如，学生可将网络成瘾导致的主要问题和摆脱网络成瘾的好处列在卡片上，并随身携带卡片，时刻约束自己，警示自己。

同时，学生要充实自己的日常生活。大部分患者初期往往是因为无所事事才选择上网的，他们通过充满新奇内容的网络寻求刺激，打发时间，结果却患上了网络综合征。因此，要治疗网络综合征，学生就须将自己的日常生活安排充实。如果空闲时间被有意义的日常生活占据，学生就会转移对网络的关注，

从而减轻对网络的依赖。

（三）多做户外运动，融入社会生活

户外运动可以使学生的生理与心理相互协调，促使身心和谐。学生通过户外运动不仅可以休闲娱乐，还可以消除学习生活中的烦恼，拓展交际，增进情感交流。通过户外运动，学生可暂时避开网络的不良信息，转移注意力，从而减轻不良情绪的刺激，减少心理创伤。

（四）寻求家人和同学的帮助

患上网络综合征的学生，自制力相对较弱，需要积极地向家人、同学寻求帮助。首先，学生可以请求家人和同学在帮助自己的过程中尽量减少对自己的责备，请求他们尽量多倾听，多与自己交流，从而充分理解自己的感受。其次，学生可以请求家人和同学帮助自己制订具体的行为契约和计划，让他们督促并适时地鼓励自己。

案例点评

张某是某校的一名新生，由于性格内向，平时除了宿舍的几个舍友外，他几乎不和班上的其他人交往。同时，由于身边出现了许多比自己优秀的人，张某产生了较强的挫败感。在这种情况下，他开始迷恋网络小说，对言情小说、武侠小说、玄幻穿越小说等多种类型的小说都看得津津有味。沉溺于网络小说之后，张某的视力不断下降，成绩也一落千丈。

虽然张某意识到了沉溺网络的危害，但他却无法控制自己的行为。于是，张某向舍友寻求帮助。舍友引导他有目的地浏览网上的时事新闻、文学名著等，让张某明白网络是用来开阔视野、增长见识的。同时，舍友还教张某如何与他人交往，鼓励他积极进行人际交往，课后带他参加班上其他同学的生日聚会，带他参加下棋、游泳、打羽毛球等活动。最后，在舍友的帮助下，张某养成了良好的上网习惯，摆脱了网瘾，学习和生活都步入了正轨。

点评　网络综合征是一种心理疾病，学生患病后一定要积极治疗。发现自己患上网络综合征后，学生应像张某一样正面应对，积极寻求朋友、家人或其他途径的帮助，尽快走出困境。

单元三　防范网络诈骗

情景案例——谨防网络陷阱

案例　学生胡某在某网站看到“一批全新的笔记本电脑低价处理，原价15 000元，现在只卖3 500元”的广告。在跟对方联系后，对方透露该货是走私过来的，质量绝对可靠，因为急着转手，所以才卖得这么便宜。对方给了胡某一个银行账号，要求其先交1 000元订金。胡某向对方给的银行账号汇了款，结果发现被骗。

学生应该加强自身的安全防范意识，在未确保安全的情况下，不要直接向陌生人汇款，防止重要文件、账号、密码等被盗。

请思考：你遇到过类似经历吗？你觉得应该如何避免网络诈骗？

一、网络诈骗的常用手段

网络诈骗是网络犯罪的主要形式。诈骗分子多利用有欺诈性的电子邮件、网站、短信等获得受骗者的信息，进而窃取资金或引诱受骗者汇款。常见的网络诈骗手段有如下几种。

（一）冒充亲友诈骗

冒充亲友诈骗是指诈骗分子通过欺骗或黑客手段获取学生亲友的网络平台账号和密码等网上联络方式，冒充学生亲友向学生借钱。有的诈骗分子甚至将学生亲友的视频聊天录像播放给学生观看，以取信于学生。

（二）虚假中奖诈骗

虚假中奖诈骗（见图4-3）是指诈骗分子通过电子邮件、网络聊天、论坛短信、网络游戏等方式发送中奖信息，或通过网页上弹出的广告告知学生中奖，导致一些不明真相的学生因考虑不周而上当受骗。

图 4-3 虚假中奖诈骗

此外，诈骗分子也会玩弄预测彩票中奖号码的把戏，通过开设彩票预测网站，以有内幕消息、权威预测等噱头，大肆吹嘘其历史预测成绩，以成为会员的名义诱骗学生汇款。

（三）网络交友诈骗

网络交友诈骗是指诈骗分子通过网络交友平台与学生进行联络，并实施诈骗。在骗取学生信任后，诈骗分子会通过借钱周转、合作经营、急救治疗等理由骗取学生的钱财，得手后便消失无踪。

（四）网络电信诈骗

网络电信诈骗是指诈骗分子利用手机短信群发器向学生发送大量虚假的信息，以中奖、退税、投资咨询、银行账户注销、电话欠费、信用卡透支等名义诱骗学生实施汇款、转账等操作；或利用电脑改号软件，以来电显示为某机关号码或某部门号码等方式，拨打学生电话，诱骗学生将银行账户内资金转到诈骗分子的账户。

（五）网络招聘诈骗

网络招聘诈骗是指诈骗分子利用学生求职心切、缺乏社会经验等弱点，通过虚假网站发布虚假的招聘信息，并冒充用人单位或中介单位骗取学生就业押金、中介费、岗前培训费和教材费等；或利用诈骗网站的信息注册功能，骗取学生的个人账号，实施伪造身份证、骗取注册费、贩卖学生求职简历信息等犯罪行为。

（六）钓鱼网站诈骗

钓鱼网站诈骗是指诈骗分子通过发送大量声称来自某银行或其他知名机构的欺骗性电子邮件，引诱学生输入敏感信息（如用户名、口令、信用卡详细信息等），以盗取学生资金。

钓鱼网站的主要诈骗手法有以下几种。

（1）发送电子邮件，以虚假信息引诱学生中圈套。诈骗分子以电子邮件的形式发送大量欺诈性信息，这些邮件多以中奖、顾问、对账等内容引诱学生填写银行卡账号和密码，或是以各种紧迫的理由要求学生登录某网页提交用户名、密码、公民身份号码、信用卡号等信息，继而盗取学生资金。

（2）建立假的网上银行系统（见图4-4）、网上证券交易平台，骗取学生账号、密码，实施盗窃。诈骗分子建立域名和网页内容等与真正的网上银行系统、网上证券交易平台极为相似的网站，引诱学生输入账号、密码等信息，窃取学生资金。

图 4-4　建立假的网上银行系统

（3）利用虚假的电子商务产品进行诈骗。此类犯罪活动大多是在诈骗分子创建的电子商务网站，或比较知名、大型的电子商务网站上，发布虚假的产品销售信息，以骗取学生的购物汇款；或以超低价、免税、慈善义卖等名义出售各种产品；或以次充好，以走私货冒充行货。诈骗分子一般要求学生先部分付款，再以各种理由诱骗学生付余款或者其他名目的款项。

（4）利用电脑病毒和黑客技术等手段窃取学生信息后实施盗窃。诈骗分子通过发送邮件或在网站中隐藏病毒等方式大肆传播电脑病毒，再在学生通过感染病毒的电脑进行网上交易的过程中获取学生账号和密码，从而窃取学生的资金。

（5）利用学生会设置弱口令的漏洞，对学生银行卡的账号、密码进行破解，并实施盗窃。

二、网络诈骗的预防

学生在上网时，要做好网络安全防范工作，充分了解各类网络诈骗手法，增强自身安全防范意识。为了预防网络诈骗，学生应做到以下几点。

（1）对于亲人或朋友等熟人在网上发出的汇款请求不要轻信，一定要以电话或其他方式进行核实。

（2）对于网上发布的中奖信息、彩票预测信息和股票投资信息等切不可相信，诈骗分子正是利用受害者天上掉馅饼的侥幸心理设置圈套，实施诈骗的。

（3）对于非常热情，联系时间很短就主动要求确立朋友关系的人需要提高警惕。当对方以各种理由要求汇款时，应立即断绝联系。

（4）对于所谓“银行”“公安”“法院”以涉嫌洗钱、信用卡透支等为由要求转账汇款的电话，切不可相信。

（5）对于网上那些要求先付会员费、中介费的招聘信息不可轻信，应去正规的求职网站咨询。

（6）增强自我保护意识，养成安全上网的习惯。与陌生人交流时注意保护隐私，不在交谈及留言时泄露姓名、学校、公民身份号码或家庭电话等任何能够识别自己身份的信息。

（7）使用绿色、安全的杀毒软件对系统进行全面扫描，将恶意电脑病毒连根拔起。同时，要记得定期修复操作系统漏洞。

（8）使用手机上网时，应安装“国家反诈中心”App，并开启来电预警和短信预警。此外，遇到96110（反电信网络诈骗专用号码）来电时，一定要接听。

三、网络诈骗的应对

学生如果遭遇网络诈骗，应采取以下几点应对措施。

（一）保持冷静，确定损失

遇到网络诈骗，切莫慌张，要保持冷静，然后仔细确定自己的损失，包括钱财损失、物品损失等，列出损失清单。

（二）搜集证据，妥善保存

诈骗分子一般都是通过一定的媒介和被害人联系的，因此，要保存所有证据，如聊天记录、付款凭证、商品网页等，将其整理并打印成书面文件，供报案所用。

（三）尽快报警，防止二次受骗

在确定了损失之后，学生可在亲友的陪同下带齐证据，尽快到有关部门报案。立案后，公安机关才可以进行下一步侦查和处理。切不可再联系诈骗分子，防止二次受骗。有的学生急于挽回损失，低估报警的必要性，选择私下联系诈骗分子，并且轻信其退款、退物的谎言，使损失进一步扩大。

（四）想办法及时止损

报警之后，要想办法止损，如尽快联系银行或快递公司等。若有诈骗分子的开户行及账号信息，可立即登录对方开户行的网上银行，输入账号后故意输错 3 次登录密码，暂时冻结对方的网银转账功能。这样能为联系银行、报警，以及进一步止损工作争取宝贵时间。

案例点评

一天，张某突然收到朋友汪某的信息。汪某称在外地碰到一点事情，想让张某借自己 5 万元以解燃眉之急。就在张某心中疑惑时，对方主动要求视频。通过视频，张某确定对方为“汪某”本人，并给“汪某”提供的银行账号汇了 5 万元。钱汇出后，以为帮朋友解了燃眉之急的张某打电话给汪某本人，可汪某称自己并没有什么困难，更没向他借钱。张某此时才发现自己上当受骗了。

点评 学生在遇到类似情况，特别是要求汇款等涉及财物的问题时，一定要再用电话或其他方式联系对方，务必谨慎核定对方身份（如在聊天时问一些能辨别对方身份的问题）。若确认为诈骗，学生应在第一时间通知被假冒的人和其他人。

要点回顾

本模块主要讲解了学生在上网时可能遇到的危机及其预防与应对措施。请同学们根据图 4-5 所示的思维导图来复习本模块介绍的安全要点，从而加深对本模块知识的理解。

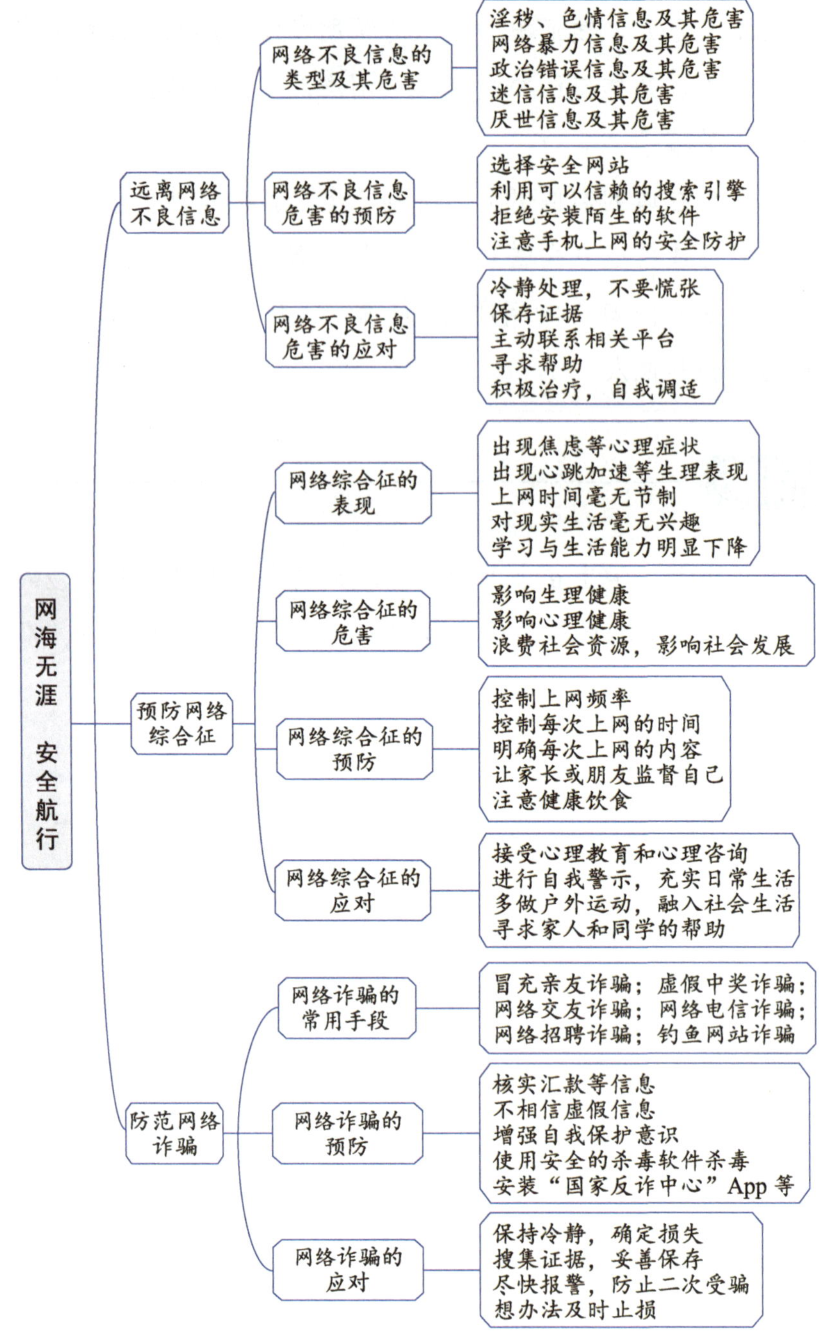
网海无涯 安全航行
远离网络不良信息
网络不良信息的类型及其危害
淫秽、色情信息及其危害
网络暴力信息及其危害
政治错误信息及其危害
迷信信息及其危害
厌世信息及其危害
网络不良信息危害的预防
选择安全网站
利用可以信赖的搜索引擎
拒绝安装陌生的软件
注意手机上网的安全防护
网络不良信息危害的应对
冷静处理，不要慌张
保存证据
主动联系相关平台
寻求帮助
积极治疗，自我调适
预防网络综合征
网络综合征的表现
出现焦虑等心理症状
出现心跳加速等生理表现
上网时间毫无节制
对现实生活毫无兴趣
学习与生活能力明显下降
网络综合征的危害
影响生理健康
影响心理健康
浪费社会资源，影响社会发展
网络综合征的预防
控制上网频率
控制每次上网的时间
明确每次上网的内容
让家长或朋友监督自己
注意健康饮食
网络综合征的应对
接受心理教育和心理咨询
进行自我警示，充实日常生活
多做户外运动，融入社会生活
寻求家人和同学的帮助
防范网络诈骗
网络诈骗的常用手段
冒充亲友诈骗；虚假中奖诈骗；
网络交友诈骗；网络电信诈骗；
网络招聘诈骗；钓鱼网站诈骗
网络诈骗的预防
核实汇款等信息
不相信虚假信息
增强自我保护意识
使用安全的杀毒软件杀毒
安装“国家反诈中心”App 等
网络诈骗的应对
保持冷静，确定损失
搜集证据，妥善保存
尽快报警，防止二次受骗
想办法及时止损

图 4-5 思维导图

学习检验

一、填空题

（1）常见的网络不良信息包括淫秽、色情信息，________________，________________，迷信信息，________________等。

（2）学生若长时间受到网络不良信息的影响，则很可能无法形成正确的世界观、___________和___________。

（3）___________是学生沉迷网络而引发的各种生理、心理障碍的总称。

（4）针对网络综合征的心理咨询和治疗方法有很多，包括心理学知识介绍、网络心理治疗、_______________、_______________等。

（5）_______________是指诈骗分子通过网络交友平台与学生进行联络，并实施诈骗。

二、判断题

（1）网络信息良莠不齐，其中不乏一些色情、暴力、反动的内容，涉世未深的学生容易受到不良诱导，最终误入歧途。（　　）

（2）对于网上那些要求先付会员费、中介费的招聘信息不可轻信，应去正规的求职网站咨询。（　　）

（3）收到来历不明的电子邮件，在确认来源可靠前，不要打开附件或内容中的网站地址。（　　）

（4）学生应控制上网频率，每天上网的次数不能过多。（　　）

（5）学生遭遇网络诈骗后，若被恐吓不要报警，则只能老老实实自认倒霉。（　　）

三、问答题

（1）网络不良信息对学生的危害都有哪些？

（2）学生应该如何预防网络综合征？

（3）网络诈骗的常用手段有哪些？

（4）学生应该如何预防与应对网络诈骗？

学以致用——安全实践活动

一、实践背景

随着互联网的发展和电脑的普及，越来越多的学生成为网民。由于学生正处于学习和成长的重要阶段，涉世不深且好奇心强，缺乏随机应变和自我保护的能力，因此，相对于其他人群，更容易被网络中别有用心的人利用和欺骗。面对这个丰富多彩却又危机四伏的虚拟网络世界，如何在正确利用网络资源的同时保护好自己的人身和财产安全，对学生而言就显得尤为重要。

为了进一步远离网络不良信息，了解网络安全的重要性，养成良好的上网习惯，掌握网络不良信息、网络综合征、网络诈骗的预防和应对措施，全班学生分组开展“网络安全问题”调查实践活动。

二、实践步骤

（1）将全班学生分成若干组，每组 7～8 人，并选出一名小组负责人。

（2）小组负责人进行任务分配，包括在网上查找相关资料或进行实地调查。调查内容包括目前学生上网时存在的安全问题，以及这些问题的解决办法。小组成员在调查结束后进行汇总、整理，将问题及答案记录在下列空白处。

① 学生上网时存在的安全问题。

② 上述安全问题的解决办法。

（3）各组将本组调查的相关资料、解决办法等制成 PPT，并选一人进行讲解汇报。

（4）各组汇报结束后，指导教师可引导学生对突出的网络安全问题进行讨论，并总结出切实可行的解决办法。

学习评价

指导教师根据学生的实际学习成果对其进行评价，学生配合指导教师，完成表 4-1 所示的学习成果评价表。

表 4-1 学习成果评价表

<table>
<tr><th rowspan="2">评价项目</th><th rowspan="2">评价内容</th><th rowspan="2">分值</th><th colspan="3">评价分数</th></tr>
<tr><th>自评</th><th>他评</th><th>师评</th></tr>
<tr><td rowspan="6">知识（40%）</td><td>网络不良信息的类型及其危害</td><td>7 分</td><td></td><td></td><td></td></tr>
<tr><td>网络不良信息危害的预防与应对</td><td>7 分</td><td></td><td></td><td></td></tr>
<tr><td>网络综合征的表现与危害</td><td>7 分</td><td></td><td></td><td></td></tr>
<tr><td>网络综合征的预防与应对</td><td>7 分</td><td></td><td></td><td></td></tr>
<tr><td>网络诈骗的常用手段</td><td>6 分</td><td></td><td></td><td></td></tr>
<tr><td>网络诈骗的预防与应对</td><td>6 分</td><td></td><td></td><td></td></tr>
<tr><td rowspan="4">技能（40%）</td><td>顺利完成调查实践任务</td><td>10 分</td><td></td><td></td><td></td></tr>
<tr><td>实践中问题回答全面</td><td>10 分</td><td></td><td></td><td></td></tr>
<tr><td>PPT 制作精美，主题突出</td><td>10 分</td><td></td><td></td><td></td></tr>
<tr><td>汇报流畅，内容丰富、生动</td><td>10 分</td><td></td><td></td><td></td></tr>
<tr><td rowspan="4">素养（20%）</td><td>积极参加教学活动，主动学习、思考、讨论</td><td>5 分</td><td></td><td></td><td></td></tr>
<tr><td>认真负责，按时完成学习、实践任务</td><td>5 分</td><td></td><td></td><td></td></tr>
<tr><td>团结合作，与组员密切配合</td><td>5 分</td><td></td><td></td><td></td></tr>
<tr><td>具有正确的安全防范意识</td><td>5 分</td><td></td><td></td><td></td></tr>
<tr><td colspan="2">合计</td><td>100 分</td><td></td><td></td><td></td></tr>
<tr><td>总评</td><td>自评（20%）+他评（20%）+师评（60%）= ____________</td><td>综合等级：</td><td colspan="3">指导教师（签名）：</td></tr>
</table>

模块五　学习就业　安全为先

模块导读

学生在学习和就业的过程中，为了避免发生人身财产安全事件，应树立正确的安全防范意识。同时，老师也应尽力加强对学生危机应对能力的培养。本模块主要讲解如何保障学习安全，以及如何谨慎求职择业。

学习目标

知识目标

- 掌握实验、实训课的危机预防与应对措施。
- 掌握体育课、校外集中实习的危机预防与应对措施。
- 掌握求职择业的危机预防与应对措施。
- 掌握传销的基本含义与特点，以及传销的危机预防与应对措施。

素质目标

- 提升个人安全学习与就业的能力，增强遵守校规校纪的意识。
- 树立正确的学习与就业安全观，防微杜渐，以避免危机事件的发生。

单元一　保障学习安全

情景案例——令人痛心的课堂惨案

案例 1 化学老师徐某正组织学生上实验课，其父突然从外地赶来探望。徐某随即向学习委员交代了几句便领父亲回宿舍休息。当他安顿好父亲、匆忙赶回实验室时，发现学生乱作一团。原来，在徐某离开实验室后，有学生因争着动手做实验而碰倒了盛有硫酸的玻璃杯，导致 3 名学生被硫酸烧伤。

案例 2 某校体育课上，一学生在进行前滚翻练习时，被裤兜中的钩针扎中小腹，造成重伤。经查，体育老师课前未对学生上课时的装束、携带的物品等进行必要的检查和提醒。

学生在课堂上有时需要用一些危险物品做实验，或进行体育运动，稍有不慎就可能发生安全事件。这些事件往往是学生违反课堂纪律或老师没有尽到自己的责任造成的，严重时可能危害生命安全。

请思考：你听说过类似的课堂危机事件吗？从这些事件中，你得到了哪些启示？

在教学工作中，保障学生安全是促进学生健康成长、落实以人为本的教学理念、构建和谐校园的基石，是开展一切活动的基础。因此，学校应高度重视学生的课堂安全，将相关的安全教育和安全措施落实到位；同时，学生应遵守课堂纪律，树立良好的安全防范意识，共建安全的课堂环境。下面重点介绍实验、实训课、体育课，以及校外集中实习的危机预防与应对。

一、预防与应对实验、实训课危机

安全地进行实验、实训课，可以有效地保障学生的人身安全和机器设备的安全。在实验、实训教学过程中，老师应向学生强调课堂安全注意事项（见图 5-1），学生应养成良好的安全操作习惯，共同创造良好的课堂环境。

图 5-1　老师向学生强调课堂安全注意事项

（一）实验、实训课的危机预防

为了避免实验、实训课上发生危机事件，老师和学生应做好以下几个方面的预防措施。

（1）实验、实训课的老师必须按时到岗，负责组织学生实施实验、实训活动，不得在工作期间擅自离开岗位。

（2）在进入实验、实训室前，学生必须认真学习实验、实训指导书的内容，以明确实验、实训的目的、原理和步骤。

（3）在进行实验、实训前，老师应向学生讲清楚机器设备的安全操作规程和注意事项，并根据实验、实训情况为学生提供必要的安全防护用具。

（4）在进入实验、实训室后，学生必须自觉地服从管理、听从指挥，严格遵守机器设备的操作规范。

（5）在实验、实训过程中，学生若发现机器设备出现损坏、故障等异常情况，应立即切断电源、保护现场，并报告老师。

（6）实验、实训结束后，学生必须整理好机器设备及配件，并将个人物品和废纸杂物等带离实验、实训室。

（二）实验、实训课的危机应对

实验、实训课上发生的危机主要有危险品失控（见图 5-2）、触电、化学

品中毒、机器设备引起伤害等。一旦发生实验、实训课危机，相关人员和部门应沉着、及时地采取应对措施。

图 5-2　危险品失控

1．危险品失控的危机应对

若实验、实训室发生危险品失控事件，相关人员和部门应采取以下应对措施。

（1）现场人员应立即拨打急救、报警电话，并向学校保卫部门和教务处报告。

（2）学校保卫部门和教务处应立即组织有关人员到现场开展救援工作，并向学校领导报告。

（3）学校领导应立即通知其他相关部门的人员到现场做好配合工作，如打开消防通道、转移物品和受伤人员、疏散学生、隔离电源、控制危险品的扩散等。

（4）学校保卫部门和其他相关部门应配合消防部门做好抢险灭火工作。

2．触电、化学品中毒、机器设备引起伤害的危机应对

若在实验、实训课中发生触电、化学品中毒、机器设备引起伤害等事件，相关人员和部门应采取以下应对措施。

（1）现场人员应立即联系医务室或拨打急救电话，同时报告教务处、学生处等主管部门和应急处理领导小组。

（2）医务人员应立即赶到现场开展急救工作或进行临时应急处理。

（3）主管部门人员应立即赶到现场配合医务人员开展急救工作。若危机事件情况严重或受伤学生急需住院治疗，则应通知其家长。

（4）应急处理领导小组应及时将情况报告校长，联系当地公安机关、医疗卫生部门，并配合公安机关、医疗卫生部门开展勘查、取证、分析等工作。

案例点评

在某实验室，学生李某启动电源开关时，被突然冒出的一道弧光烧伤了手臂。

在某实训室，学生王某忘记戴安全帽。实训过程中，她的头发被绞入机器，导致头皮剥落，落下了永远的伤疤。

点评 学生在进行实验、实训时，只有加强防范，才能避免危机。学校应经常性地检查实验、实训室的安全隐患，防患于未然；实验、实训课的老师应对学生的安全负责；学生在实验、实训课上，一定要严格遵守操作规范，严谨细心，对自己及他人的人身安全负责，切不可大意。

二、预防与应对体育课危机

学生在上体育课时，需要进行身体活动，而身体活动有时容易造成意外伤害。因此，学生应学会如何预防与应对体育课上的突发危机。

（一）体育课的危机预防

针对体育课危机，老师和学生都必须具备一定的安全常识，并采取相应的预防措施。

（1）老师课前应加强对体育场地、器材的安全检查。

（2）老师应认真检查学生的着装，对于着装不符合要求的，应让其更换着装或者为其安排合适的体育运动。

（3）老师应将课程内容详细地告知学生，向学生示范标准动作，并及时纠正学生的错误动作。

（4）老师应给予学生必要的准备活动时间，并指导和带领他们做准备活动（见图 5-3），避免学生在运动中出现肌肉、韧带拉伤等问题。

图 5-3　老师带领学生做准备活动

（5）老师课上应善于观察和发现异常情况，以便及时处理或合理安排课程，避免危机事件的发生。

（6）老师应教学生一些自我保护的方法，以减少或避免危机事件的发生。

（7）老师应掌握常见疾病和运动损伤的急救方法，以便在意外出现时第一时间采取正确的方法进行处理。

（8）学生要听从老师的安排，遵守课堂纪律，遇到问题及时向老师汇报。

安全贴士

体育伤害事件及其产生的原因

体育伤害事件是指学生在学校体育课或课外体育活动、运动训练、学校组织的竞赛中发生的人身伤亡事件。

常见的体育伤害有擦伤、挫伤、扭伤、拉伤、骨折、重力性休克等，严重的还有运动性猝死。

体育伤害事件的产生原因主要有以下几种。

（1）师生对安全问题的认识不够，安全防范意识淡薄。

（2）老师的课堂要求不够严格。

（3）老师备课不够细致，课前准备不够充分，课程内容安排不合理。

（4）学生课堂自律性差，不按要求进行体育活动。

（5）学生的技术动作不够熟练。

（6）老师对一些技术动作的讲解不细致、示范不到位，或提供的保护和帮助方法不正确。

（7）在对抗性比赛或游戏中，老师没有对学生提出自我保护的要求或学生的自我保护能力较差等。

（二）体育课的危机应对

若体育课上突发体育伤害事件，相关人员和部门应及时采取以下应对措施。

（1）现场人员应立即联系医务室，对于情况特别严重的，应立即拨打急救电话，并保护好现场。

（2）体育老师应立即报告学校教务处、学生处等学校主管部门和应急处理领导小组。

（3）医务人员接到报告后，必须立即赶到现场，开展急救工作。

（4）学校主管部门领导接到报告后，应立即亲自或派人赶到现场，配合医务人员开展急救工作。若出事学生情况严重，急需住院救治，学校应及时通知其家长。

（5）应急处理领导小组接到报告后，应及时将情况报告校长，联系当地公安机关、医疗卫生部门，并配合公安机关、医疗卫生部门开展勘查、取证、分析等工作。

互动空间

以小组为单位，自编自导自演，模拟一个体育课危机事件发生的情景，演练遇到体育课危机时的各种应对措施。

案例点评

体育课上，学生李某在自由活动时，纵身跃起并抓住足球门栏。由于底部固定不牢，足球门栏翻倒并压住了李某的腹部，致其重伤。

体育课上，体育老师带领学生做完准备活动之后，组织学生练习跳绳，自己在一旁看护。学生徐某在跳绳时不慎被绳绊倒，腹部着地，造成脾脏外伤性破裂。

点评 对于体育课危机事件，老师和学生要采用正确、合理、科学的措施来预防和应对。老师应在思想上重视安全教育，在管理上严格要求，在教学上处处为学生着想，关心爱护学生；学生应树立自我保护意识，遵守课堂纪律，一切听从老师的安排。这样才可以减少体育课危机事件的发生。

三、预防与应对校外集中实习危机

校外实习须提高警惕

校外集中实习是很多学校都非常重视的教学环节，有一系列严格的管理制度和严密的实施方案。校外集中实习危机会给学生及其家庭带来沉重的打击。

（一）校外集中实习的危机预防

校外集中实习危机发生的原因主要包括：学生不遵守纪律，未按规定程序进行实习操作；老师未能尽到安全告知和监督义务；实习管理不够严格，存在安全隐患；等等。因此，进行校外集中实习，老师和学生应做好以下几个方面的预防措施，以避免危机事件的发生。

（1）学生应事先确定带自己实习的老师，在老师的带领下进行校外集中实习活动。

（2）老师应提前到实习单位了解实际情况、收集资料，并制订可行的实习计划；然后向学生介绍实习单位简况，并给他们布置实习任务。

（3）实习前，学生应认真学习实习相关内容和注意事项，如图 5-4 所示。

（4）老师应对学生进行相应的安全教育，明确安全要求、实习纪律等。

（5）实习过程中，老师应对学生严格要求，加强对学生的专业指导和安全教育，告知其可能存在的安全隐患，并制订安全预案。此外，各实习小组组长应协助老师进行实习活动中的安全管理。

图 5-4　学生学习实习注意事项

（二）校外集中实习的危机应对

若不幸发生了校外集中实习危机事件，相关人员应及时采取以下应对措施。

（1）当学生与他人发生冲突时，其他学生应主动出面制止或劝解，以避免事态进一步恶化。同时，学生应尽快将情况反馈给老师，老师了解情况后，应按有关规定进行处理，并将情况反馈给学校。

（2）当发生学生人身伤害、突发疾病等事件时，现场人员应首先联系医疗机构进行紧急救治，并及时报告学生实习、实训工作领导小组。领导小组的有关人员接到报告后，应立即赶赴事件现场，配合救援，并处理相关事宜。

（3）当发生一般财产损失事件时，现场老师和学生应保护好现场，并视情况报告学校和公安机关，请求调查处理。

（4）当发生灾难性事件，如火灾、毒气泄漏等时，学生应同其他现场人员一起迅速撤离现场（见图 5-5），并通知老师和所在院系领导。在确保自身安全的情况下，学生也可进行必要的救灾活动。

图 5-5　迅速撤离现场

（5）当发生重大伤亡事件时，实习、实训工作领导小组应及时向学校领导报告，及时通知伤亡学生的家长，并将事件发生过程以书面形式上报。

案例点评

某校学生在老师的带领下，准备到某水库进行校外集中实习。在实习动员会上，学院院长、班主任反复强调，学生在实习期间一定要服从老师的统一指挥，绝不能擅自行动。然而就在实习期间，学生吕某和胡某趁老师和同学不注意，悄悄溜到该水库的另一侧游泳。当时水很凉，且水下有很多杂草。在游泳过程中，吕某因大腿突然抽筋，同时脚被水下杂草缠住，不幸溺水而亡。胡某虽然幸免，但后悔莫及。

点评　吕某对学校的实习要求和老师的安全教育置若罔闻，抱着侥幸心理，我行我素，最终溺水身亡，同时也给亲人和朋友带来巨大伤痛。学生应该从中吸取深刻教训，在校外集中实习期间，要特别注意安全问题，切不可肆意行动，以免导致不可挽回的后果。

单元二　谨慎求职择业

情景案例——吃人的传销魔窟

案例 小玉是某校的一名学生。寒假第一天，小玉突然接到了初中好友熊某的电话。熊某告诉小玉，她在某市与人合开了一家商店，生意非常好，想让小玉过去兼职。小玉觉得利用寒假做兼职，既能赚点零花钱，又能锻炼自己，一举两得，便爽快地答应了。

第二天，小玉便带着行李乘火车去找熊某。谁知，兼职只是个幌子。从踏上火车的那一刻起，小玉便卷入了一场传销噩梦。据小玉回忆，她到了之后，熊某便把她接到一间很大的出租房里，房间里有很多与自己年纪相仿的人。她马上意识到情况不妙。

小玉进入传销组织后，立即被控制，做任何事都至少有一个人陪同。无奈之下，她表面上顺从了传销人员的安排，但实际上一直在寻找逃脱的机会。一天深夜，小玉趁大家熟睡，偷偷找到一部手机，并发出了求救短信。正是这条短信，使小玉脱离了传销的魔窟。

学生涉世未深，对求职信息的了解非常有限，在求职择业的过程中会遇到很多陷阱。社会上存在一些不法分子，他们假借招聘的旗号骗取学生的钱财，甚至把学生拽入传销的深渊。

请思考：你知道哪些求职的陷阱？如果遇到上述传销事件，你会怎么应对？

一、避免求职陷阱

学生为了早日找到一份满意的工作，常通过各种方法和途径收集招聘信息。然而，一些不法分子利用学生求职心切的心理，采取各种手段欺诈学生的钱财，甚至威胁学生的人身安全。

学生有必要了解一些求职择业的常见危机类型，及其预防与应对措施，以便增强安全防范意识，维护自身的合法权益，不让违法犯罪分子有机可乘。

（一）求职择业的常见危机类型

1．招聘收费

在招聘过程中，有些单位通过发布虚假的招聘信息，吸引学生前去应聘，然后编造种种理由，以上岗费、信息费等名义收费，如图 5-6 所示。

图 5-6 招聘收费

具体而言，这类单位的骗钱手段主要有以下几种。

1）先培训，后上岗

一些单位在招聘时告诉学生，入职前必须进行培训，且合格后才能上岗。学生交了培训费、考试费等费用，经过几天培训之后，会被告知因未通过考核而不能上岗。此外，这些单位还会与培训机构联手行骗。

2）收取风险抵押金

一些单位在收取所谓“风险抵押金”时总有各种说辞使学生信以为真。等学生交了风险抵押金后，这些单位很快就不翼而飞。

3）收取信息费、资料费

一些单位利用学生不懂相关规定的弱点，在招聘中以“按相关规定”的名义收取信息费、资料费，等捞到钱后便逃之夭夭。由于收取的金额不大，因此学生发现上当后往往觉得只是吃了一点小亏，不愿再追究。这样一来，反倒给这些不法单位提供了可乘之机。

2．非法职介

非法职介指未经劳动、工商等部门批准而从事职业介绍。非法职介机构打着介绍工作的幌子向学生收取各种费用，却不给学生介绍工作，或向学生提供不实工作信息。当学生发现上当受骗时，非法职介机构多已人去楼空。

非法职介机构行骗的惯用伎俩主要有以下 3 种。

1）以直聘诱使学生上套

一些非法职介机构在报纸、网站上打出招聘广告，明确写明“非中介”“拒绝中介”等字眼，但学生应聘时仍会被要求交纳中介费、培训费、资料费和上岗费等费用，且在收取费用后迟迟不给学生安排工作。

2）用承诺骗取学生信任

一些非法职介机构向学生许下“很快能找到工作”“一周内上岗”等承诺，并向学生出示“道具”，如某公司急聘的职位表、中介服务承诺书等，其目的就是取得学生的信任，以便顺利骗取学生的钱财。

3）与用人单位勾结，用虚假、过期信息蒙骗学生

一些非法职介机构与用人单位勾结，向学生提供过期的或虚假的招聘信息，然后合伙行骗，如图 5-7 所示。还有一些非法职介机构直接将其从网上或报纸上摘抄下来的招聘信息提供给学生，并借此行骗。

图 5-7　非法职介机构与用人单位勾结

3．不良职业招聘

一些高薪职业背后往往隐藏着不良职业，这些招聘单位的主要行骗对象之一就是涉世未深的学生。从表面上看，这些招聘单位似乎不设门槛，其面试程序非常简单，学生一旦被录用便可轻而易举地获取高薪。而实际上这些单位的目的是骗学生尽快入套。学生一旦掉入这类陷阱，便会被诱导从事非法职业。

4. 招聘信息注水

注水的招聘信息使学生深受其害。发布注水招聘信息的单位通常不以收取学生钱财为目的，而是变相让学生免费为其提供劳动，或通过招聘向学生推销产品等。这种行为的欺骗性往往比较隐秘，被学生识破的周期也比较长，且学生上当受骗后难以搜集证据，相关部门也很难对其进行监管。

招聘信息的注水方式主要有以下几种。

1）招聘岗位名不副实

一些单位的招聘信息与实际情况不符（见图 5-8）。例如，有的单位只有一个职位却故意招聘多人；有的单位向学生承诺月薪好几万，而要真正获得这份月薪，难如登天。

图 5-8 招聘信息与实际不符

2）先购买产品后上岗

一些单位在面试时规定，学生入职前必须先购买一批产品，并在规定期限内将产品全部推销出去，以此证明自己能胜任工作，否则便不予录用，且产品费用不退还。同时，为了顺利地让学生掏钱购买产品，这些单位还会邀请所谓“资深销售人员”现身说法，让学生深信只要通过考验就可迈入高薪行列。

3）试用期不合格

一些单位在面试后不与学生签订任何有效的书面劳动合同，而只是口头承诺。学生由于不懂相关法律法规、缺乏维权意识，干满试用期后往往就被一句“不合格”打发了。

还有一些单位利用学生不熟悉国家有关政策的弱点，找出各种理由非法延长试用期，以获取廉价的劳动力。

5. 签不合理合同

学生有时会因急于求得一份工作而稀里糊涂地和用人单位签订不合理合同。事后要想解除该合同，学生往往需要支付高额的违约金。

（二）求职择业的危机预防

求职择业的危机预防措施主要包括以下几种。

1. 谨防以招聘之名盗取个人信息

在求职过程中，当用人单位要求提供奇怪的证明材料时，学生一定要提高警惕，并应注意，在任何情况下都不能向招聘单位提供有关本人的隐私信息，如图 5-9 所示。

图 5-9　不向招聘单位提供隐私信息

2. 谨防以招聘之名非法敛财

一些用人单位在雇佣学生时，常以“流动性大”“单位物资贵重”等为理由，向学生收取押金。要求学生交纳押金或保证金的做法是不合法的，这样做的用人单位多半是想骗取学生钱财。学生在求职过程中遇到这种情况，应当提高警惕，务必保管好自己的财物。

法律法规

《中华人民共和国劳动合同法》第九条规定：“用人单位招用劳动者，不得扣押劳动者的居民身份证和其他证件，不得要求劳动者提供担保或者以其他名义向劳动者收取财物。”

3. 谨防以招聘之名诱人犯罪

在求职过程中，若招聘单位夸夸其谈，反复强调招聘职位工作轻松且工资高，则其很可能是在引诱学生加入传销、色情等非法行业。对于这种情况，学生应提高警惕，不要因求职心切而上当受骗或误入歧途。

4. 注意界定薪酬的上下限，并协商好支付方式

在与用人单位确认薪酬时，学生应注意界定薪酬的上下限，并协商好薪酬的支付方式。对于不清楚的地方，学生一定要当面问明白，否则很容易上当。

5. 谨防高薪陷阱

在求职过程中，学生不要被“高薪”“月收入数十万”等夸张的招聘信息迷惑，更不要被“小投资发大财”“赚钱创业良机”之类的招聘信息蒙蔽双眼，以免掉入招聘单位设置的陷阱。

抵制“高薪”诱惑

6. 确认单位合法性并保留劳动关系凭证

在求职过程中，学生除了需要了解工作的具体内容之外，还必须确认用人单位的合法性。同时，学生还应掌握用人单位的详细情况，并注意保留自己与用人单位之间发生劳动关系的相关凭证，以便在发生纠纷时向司法机关提供证据。

7. 签订劳动合同

无论是在试用期还是已转正，学生都应与用人单位签订劳动合同，如图 5-10 所示。一旦与用人单位发生纠纷，学生可凭劳动合同来维护自己的合法权益。

图 5-10 学生与用人单位签订劳动合同

8. 储备知识，加强防范

学生平时应多了解和掌握一些求职择业方面的危机防范知识，如多听一些与求职相关的法律知识讲座（见图 5-11），多参加一些安全防范教育活动等，以提高自己预防和应对求职择业危机事件的能力。

图 5-11　听与求职相关的法律知识讲座

（三）求职择业的危机应对

当学生发现用人单位侵权、违约或强迫其从事违法行为时，切勿慌张，要保持冷静，注意保留并整理自己与用人单位之间发生劳动关系的相关凭证。一旦时机成熟，应立即向有关部门或机构反映情况，紧急时还应报警。对于损害自己利益的违法单位，学生应该勇敢地拿起法律武器，维护自己的合法权益，如图 5-12 所示。

图 5-12　拿起法律武器维护自己的合法权益

互动空间

学生小张到一家公司实习。3 个月后，本来应该转正的小张被告知自己的实习期延长到了 6 个月。因实习而错过招聘会的小张无奈之下只能继续留

在这家公司“实习”。

以小组为单位，就上述案例进行讨论、交流。

★ 小张的遭遇属于哪种求职择业的危机类型？

★ 如果你是小张，你会怎么做？

二、远离传销

一些传销组织大力宣扬虚假招聘信息，如好工作、高收入等（见图 5-13），求职心切的学生看到后很容易被骗入传销组织中，成为传销的牺牲品。因此，学生有必要了解传销的基本含义、特点，以及其危机应对措施。

图 5-13 宣扬虚假招聘信息

（一）传销的基本含义

传销是指组织者或者经营者发展人员，通过对被发展人员以其直接或者间接发展的人员数量或者销售业绩为依据计算和给付报酬，或者要求被发展人员以交纳一定费用为条件取得加入资格等方式牟取非法利益，扰乱经济秩序，影响社会稳定的行为。

传销是没有实际产品，或者产品的价格远远高出其成本和合理价格，有高额的入门费用或者变相的入门费用，人员通过发展上线、下线，组织结构呈金字塔式，且限制人身自由的非法营销模式。传销为法律所不容。

（二）传销的基本特点

传销一度非常猖獗，一些不法分子故意绕开“传销”的字眼，以“直销”

“网络连锁”等名词作掩饰，混淆是非，动员他人加入，成为学生实习和就业过程中最大的陷阱。那么，怎样才能识别传销呢？传销通常具有以下基本特点。

1．组织严密，行动诡秘

传销一般把人员骗到异地，并且实行上下线人员单独联系、组织者异地遥控指挥的管理模式。传销组织严密，等级森严，行动诡秘。

2．名目繁杂，价格虚高

传销组织除拉人头以外，还以传销商品、加盟店等多种形式存在。传销组织中的商品价格与实际价值严重背离，其很多商品是难以衡量价格的营养品、保健器材和服装等，部分商品是“三无”商品。

3．编造神话，反复洗脑

传销组织针对一些学生急于成功却又找不到合适工作的情况，利用一套貌似科学合理的奖金分配制度，鼓吹迅速致富，鼓动学生加入。学生一旦加入传销组织，其在生理和心理两方面都会受到严密控制。传销组织通过集中授课、交流谈心等方式，对学生反复洗脑（见图5-14），使学生对他们的谎言深信不疑。

图5-14　传销组织对学生洗脑

4．发展下线，重在杀熟

传销组织是多层的，有上线和下线。传销人员在发展下线时，最容易盯上自己的亲戚、朋友或同学等。因为介绍人是和自己关系密切的人员，所以受骗人往往会出于信任而放松警惕。

（三）传销的危机预防与应对

1．传销的危机预防

学生由于缺乏社会经验，在找工作时很容易被骗入传销组织。面对传销危机，学生应做到以下几点。

1）了解相关知识

学生应了解传销组织的模式及与传销相关的法律法规，树立传销违法、拒绝传销的防范意识。同时，学生应关注一些与传销相关的新闻报道，熟悉传销套路，防止自己和他人上当。

2）加强防骗意识

学生不要轻易相信身边的同学、朋友等介绍的工作，一定要有警惕心理，不要轻率地提供个人信息。

3）谨慎寻找工作

学生在寻找工作时，如果遇到熟人或陌生人的推荐，一定要亲自去核实。如果是做兼职，最好和同学、朋友一起。

4）积极举报传销组织

如果发现了传销行为，或遇到了传销的受害者，学生应积极收集有关信息，包括传销活动的详细地点、传销人员尤其是骨干人员的住所、传销方式、宣传材料等，并尽快举报，如图 5-15 所示。

图 5-15 举报传销组织

2．传销的危机应对

一旦误入传销组织，学生可采取以下措施加以应对。

1）克服恐惧心理，沉着冷静

学生误入传销组织后，不能做一些过激的行为，如跳楼、拿刀伤人等，这样非但不能解决问题，反而会让自己陷入更危险的境地。学生应沉着冷静，与传销组织巧妙周旋。

2）保持清醒的头脑

传销组织会对学生进行洗脑，这是传销组织控制学生最有力的手段。学生一旦被洗脑，后果不堪设想。因此，如图 5-16 所示，学生在找工作时必须保持头脑清醒，避免上当受骗。

图 5-16 保持头脑清醒

3）记住地址

学生应想办法将自己所处的具体位置，或把附近的标志性建筑告诉外界人员，以待救援。

4）找机会逃跑

传销组织有时会开展户外活动，在这个过程中随行的人可能相对较少，此时如果有机会，学生应迅速逃离。

5）向别人寻求帮助

如果接近机关、企事业单位，学生可以找机会跑过去向保安或工作人员求助，或者跑向人多的地方高声向路人求救，也可以在上厕所时偷偷写好求救纸条，然后找机会递出去，让拿到纸条的人帮忙报警。

6）获取信任，寻机逃离

如果暂时跑不掉，在敌强我弱的情况下，学生要想办法伪装，以获取传销组织的信任，等他们放松警惕后再寻找机会逃离。

7）坚决报警

一旦脱离传销组织，为人为己，学生都要马上报警。

互动空间

以小组为单位，就以下问题展开讨论。

★ 传销有哪些基本的特点？

★ 当你或者你的同伴误入传销后，应该如何应对？

案例点评

某校毕业生黄某为了尽快找到工作，趁着寒假在一家人才招聘网站上发布了自己的求职简历，并留下了联系电话。没过多久，黄某接到了一名自称某铁路局下属后勤公司人力主管的电话，对方称其条件十分符合公司的招聘要求，并提出通过网上面试来决定是否录用。随后，对方让黄某在网上做了一些简单的题目，经过评分，告诉黄某其已通过考核并被公司录用，而且承诺将给予其优厚的待遇，并提供住宿。

毕业后，黄某来到该公司所在城市准备上班。两名中年女子把他带到一个居民小区，进入一处住宅。住宅内有十多名男女正聚集在一起上课。一名自称负责人的男子告诉黄某，这是在进行岗前培训。随后，该男子暂时收管了黄某的手机等物品。

在接受培训的时候，黄某意识到自己陷入了传销的陷阱。于是，他以生病需要查看手机信息等为借口，通过手机向父母发出了求救信息。最终，在当地警方的协助下，黄某和被困的十几名学生成功获救。

点评 黄某由于轻信了网上的招聘信息，没有对招聘单位进行核实，并被对方给出的优厚待遇所迷惑，陷入了传销的旋涡。所幸黄某能够清楚地认识到传销的违法性，并运用智慧使自己被解救出来。学生在遇到传销时不要慌乱，应学会伪装，并想办法报警。

要点回顾

本模块主要讲解了学生在学习和就业过程中可能遇到的危机事件，以及其预防与应对措施。请同学们根据图 5-17 所示的思维导图来复习本模块介绍的安全要点，从而加深对本模块知识的理解。

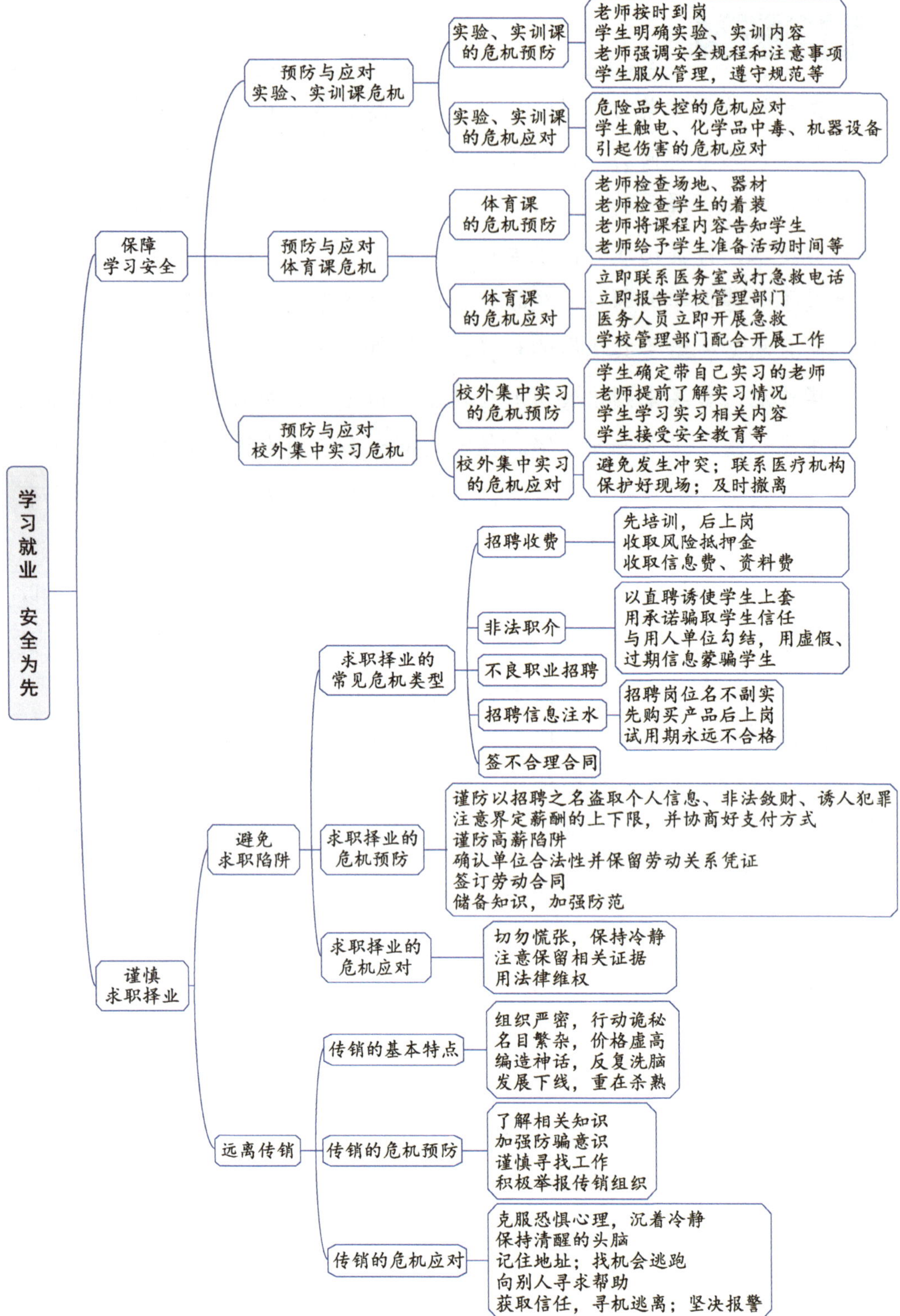
学习就业 安全为先
保障学习安全
预防与应对实验、实训课危机
实验、实训课的危机预防
老师按时到岗
学生明确实验、实训内容
老师强调安全规程和注意事项
学生服从管理，遵守规范等
实验、实训课的危机应对
危险品失控的危机应对
学生触电、化学品中毒、机器设备引起伤害的危机应对
预防与应对体育课危机
体育课的危机预防
老师检查场地、器材
老师检查学生的着装
老师将课程内容告知学生
老师给予学生准备活动时间等
体育课的危机应对
立即联系医务室或打急救电话
立即报告学校管理部门
医务人员立即开展急救
学校管理部门配合开展工作
预防与应对校外集中实习危机
校外集中实习的危机预防
学生确定带自己实习的老师
老师提前了解实习情况
学生学习实习相关内容
学生接受安全教育等
校外集中实习的危机应对
避免发生冲突；联系医疗机构
保护好现场；及时撤离
谨慎求职择业
避免求职陷阱
求职择业的常见危机类型
招聘收费
先培训，后上岗
收取风险抵押金
收取信息费、资料费
非法职介
以直聘诱使学生上套
用承诺骗取学生信任
与用人单位勾结，用虚假、过期信息蒙骗学生
不良职业招聘
招聘信息注水
招聘岗位名不副实
先购买产品后上岗
试用期永远不合格
签不合理合同
求职择业的危机预防
谨防以招聘之名盗取个人信息、非法敛财、诱人犯罪
注意界定薪酬的上下限，并协商好支付方式
谨防高薪陷阱
确认单位合法性并保留劳动关系凭证
签订劳动合同
储备知识，加强防范
求职择业的危机应对
切勿慌张，保持冷静
注意保留相关证据
用法律维权
远离传销
传销的基本特点
组织严密，行动诡秘
名目繁杂，价格虚高
编造神话，反复洗脑
发展下线，重在杀熟
传销的危机预防
了解相关知识
加强防骗意识
谨慎寻找工作
积极举报传销组织
传销的危机应对
克服恐惧心理，沉着冷静
保持清醒的头脑
记住地址；找机会逃跑
向别人寻求帮助
获取信任，寻机逃离；坚决报警

图 5-17 思维导图

学习检验

一、填空题

（1）安全地进行实验、实训可以有效地保障学生的______________安全和___________的安全。

（2）实验、实训课上发生的危机主要有___________________________、_______________、_________________、_____________________等。

（3）学生有必要了解一些求职择业的常见危机类型，及其预防与应对措施，以便增强_________________，维护_____________，不让违法犯罪分子有机可乘。

（4）对于损害自己利益的违法单位，学生应该勇敢地拿起___________，维护自己的合法权益。

（5）传销的基本特征包括：____________，_____________；名目繁杂，价格虚高；___________，___________；___________，___________。

二、判断题

（1）在进入实验、实训室之前，学生必须认真学习实验、实训指导书，明确实验、实训的目的、原理和步骤。（　　）

（2）上体育课前，老师应将课程内容详细地告知学生，向学生示范标准动作，并及时纠正学生的错误动作。（　　）

（3）当发生学生人身伤害、突发疾病等事件时，学校应及时通知学生家长，等家长到了之后再按照其要求进行后续工作。（　　）

（4）学生运动前应先热身，避免刚开始就进行剧烈运动。（　　）

（5）一旦脱离传销组织，为人为己，学生都要马上报警。（　　）

（6）误入传销组织后，学生应沉着冷静，与传销组织巧妙周旋。（　　）

三、问答题

（1）若实验、实训室发生火灾危机，应采取哪些措施？

（2）若体育课上学生突发运动性伤害事件，应该怎么办？

（3）如何预防校外集中实习危机？

（4）求职择业危机有哪些常见类型？

（5）学生如果误入传销组织，应该如何应对？

学以致用——安全实践活动

一、实践背景

课堂学习、课外实习、求职择业等是学生提高自身知识储备、身体素质和社会适应能力的重要途径。学生缺乏相关经验，安全防范意识不强，在学习和求职择业过程中面临着校内外的各种风险。

为了进一步了解学习与求职择业过程中可能遇到的危机，以及其预防与应对措施，保障学习和就业安全，全班学生分组开展“学习与就业安全”演讲比赛实践活动。

二、实践步骤

（1）将全班学生分成若干组，每组 7～8 人，并选出一名小组负责人。

（2）小组负责人组织小组成员，搜集与“学习与就业安全”话题相关的资料。资料应包括学习与就业安全问题，以及这些安全问题的预防与应对措施。小组成员在汇总、整理后，将相关信息记录在下列空白处。

① 搜集的学习与就业安全问题。

② 上述安全问题的预防和应对措施。

（3）小组负责人进行任务分配，如整理资料的负责人、上台演讲人员等，并组织小组成员进行演讲排练。

（4）指导教师组织学生进行演讲比赛，各组上台演讲。

学习评价

指导教师根据学生的实际学习成果对其进行评价，学生配合指导教师，完成表 5-1 所示的学习成果评价表。

表 5-1　学习成果评价表

评价项目	评价内容	分值	评价分数		
			自评	他评	师评
知识（40%）	实验、实训课的危机预防与应对	6 分			
	体育课的危机预防与应对	6 分			
	校外集中实习的危机预防与应对	6 分			
	求职择业的常见危机类型	6 分			
	求职择业的危机预防与应对	6 分			
	传销的基本特点	5 分			
	传销的危机预防与应对	5 分			
技能（40%）	搜集的资料内容丰富、全面	20 分			
	演讲主题突出，感染力强	10 分			
	实践活动整体完成情况良好	10 分			
素养（20%）	积极参加教学活动，主动学习、思考、讨论	5 分			
	认真负责，按时完成学习、实践任务	5 分			
	团结合作，与组员密切配合	5 分			
	具有正确的安全防范意识	5 分			
合计		100 分			
总评	自评（20%）+他评（20%）+师评（60%）=______	综合等级：	指导教师（签名）：		

模块六　健康卫生　急救先行

模块导读

面对公共卫生事件、意外伤害和突发急症，学生应掌握相关预防、应对措施和急救处理方法。本模块主要讲解如何确保公共卫生安全，以及如何进行急救处理。

学习目标

知识目标

- 掌握流行性感冒、病毒性肝炎、性传播疾病、禽流感、肺结核和食物中毒等公共卫生事件的预防与应对措施。
- 掌握出血、软组织损伤、烧伤与烫伤、动物咬伤与蜇伤、中暑、骨折、猝死、休克等意外伤害与突发急症的急救处理方法。

素质目标

- 树立生命至上、乐于助人的价值观。
- 增强个人公共卫生安全意识和责任意识。

单元一　确保公共卫生安全

情景案例——公共卫生安全危机，防不胜防

案例 1　某市一学校爆发了流行性感冒。据悉，一周前该班出现了第一个发热学生。该生体温达到 39℃，并出现咳嗽、咽痛等症状，被医院诊断为上呼吸道感染。随后，该班又陆续出现 20 例类似病例，病人均表现出发热、咳嗽等症状。经医院检测，这些学生感染的为同一种流行性感冒病毒。为了保障其他学生的人身安全，学校要求患病学生一律居家隔离，直到完全恢复健康才能返校。

案例 2　某校一个毕业班多名学生出现呕吐、发烧、拉肚子等症状，被送进医院观察治疗。据这些学生回忆，前一天晚上毕业聚餐时，有道肉菜有异味，但当时大家都没在意。学校有关部门经过调查发现，就是这道肉菜导致学生食物中毒的。

学生在学校有时会遇到公共卫生事件，如流行性感冒、食物中毒等。这些公共卫生事件如果处理不当，会对学生的身体健康造成严重危害，甚至会导致学生死亡。

请思考： 你听说过哪些公共卫生事件？它们会产生哪些危害？从这些事件中，你得到了哪些启示？

公共卫生事件主要是指在校内发生的，造成师生身体健康受损的群体性事件，如流行性感冒、病毒性肝炎、禽流感、食物中毒等。学生学会预防与应对公共卫生事件，可以有效减少伤亡事件的发生。

一、预防与应对流行性感冒

流行性感冒简称流感，是一种由流感病毒引起的人体急性呼吸道感染疾病，传染性强，传播速度快。流行性感冒主要通过空气中的飞沫、人与人之间的接触或人与被污染物品的接触传播。

（一）流行性感冒的危害

流行性感冒会对学生产生以下危害。

（1）流行性感冒具有潜伏期，早期症状与普通感冒相似，如发热、咳嗽、咽痛、四肢酸痛、头痛、发冷和疲劳等。

（2）有些学生会出现腹泻、呕吐、眼睛发红等症状。

（3）有些学生会出现高烧、肺炎、肺出血、胸腔积液、全血细胞减少、肾功能衰竭、败血症、休克、呼吸衰竭、多器官损伤等症状，严重时甚至会死亡。

（二）流行性感冒的预防

学生可采取以下方法来预防流行性感冒。

（1）加强体育锻炼，提高身体抵抗疾病的能力。

（2）在教室、宿舍时注意开窗通风（见图 6-1），保持空气流通。

图 6-1　开窗通风

（3）在人群密集的公共场所要做好个人防护。

（4）秋冬季节气候多变，应注意适当加减衣服。

（5）多喝水，多吃蔬菜，注意荤素搭配。

（6）定期注射预防流行性感冒的疫苗。

（三）流行性感冒的应对

如果已经感染了流行性感冒病毒，学生应采取以下措施加以应对。

（1）在出现流行性感冒症状时及时就医。

（2）注意保暖和休息，多喝水，同时多开窗通风。

（3）与他人分开就餐。

（4）可对住所进行消毒，以防止流行性感冒病毒进一步传播。

（5）尽量避免去公共场所，若要前往应佩戴口罩。

互动空间

> 全班学生以小组为单位，通过网络、报纸或其他渠道搜集有关流行性感冒的资料，重点就如何预防与应对流行性感冒展开讨论，以增强自身的安全意识。

二、预防与应对病毒性肝炎

病毒性肝炎是一种由肝炎病毒引起的、会导致肝脏发炎或坏死病变的传染病。按病毒种类的不同，病毒性肝炎可分为甲肝、乙肝、丙肝、丁肝、戊肝等。病毒性肝炎具有传染性强、传播途径复杂、流行面广、发病率较高等特点，会严重危害学生的身体健康。

（一）病毒性肝炎的危害

病毒性肝炎主要通过粪便、血液或体液传播，在临床上表现出疲乏、食欲减退、肝肿大、肝功能异常等症状，可引起脑膜炎、心律失常、心肌炎、心包炎、再生障碍性贫血、急性溶血性贫血、胆管炎、胆囊炎、肝炎后脂肪肝等并发症。

（二）病毒性肝炎的预防

学生可从以下几方面预防病毒性肝炎。

（1）注意个人卫生，养成饭前、便后洗手的习惯。

（2）不去卫生状况较差的美容美发店及游泳池。

（3）不与患者共用食具、漱口用具、脸盆、毛巾等，应常用流动水洗手。

（4）定期注射预防病毒性肝炎的疫苗，如图 6-2 所示。

图 6-2　定期注射预防病毒性肝炎的疫苗

（三）病毒性肝炎的应对

如果已经感染了病毒性肝炎，学生可采取以下措施加以应对。

（1）在发病早期，应卧床休息，待症状明显减轻后，可适当加强运动。

（2）食用易消化的清淡食物，注意适当补充热量、蛋白质和维生素，同时避免进食高糖高脂的食物。

（3）目前尚无可靠的治疗病毒性肝炎的抗病毒药物，可适当服用一些护肝药物。

（4）避免饮酒和使用肝毒性药物。

案例点评

某校一名学生感染了病毒性肝炎后到校医院就诊，校医院未按照规定时限和程序上报，且未向学校通报情况及采取相关防治措施。结果一周时间，该校陆续有 40 多名学生被确诊为病毒性肝炎。最终，学校被迫停课 3 周。

点评　在出现病毒性肝炎病例后，校医院未及时通报，导致学校没有及时采取防治措施，最终爆发了大面积感染。其警示意义在于，发现病毒性肝炎病例后，接诊的医院应立即上报，并通知疫情地区采取应对措施，防止疫情进一步扩大，以保障学生的人身安全，减少经济损失。

三、预防与应对性传播疾病

性传播疾病主要是指通过性行为、类似性行为（如生殖器相互摩擦）及间接接触（如使用性传播疾病患者的毛巾）传染的疾病。引起性传播疾病的病原微生物（如细菌、病毒或寄生虫）可以经血液、精液、阴道分泌物或其他体液从一个人传到另一个人身上，有时也可母婴传播，或通过输血或共用针头传播。性传播疾病主要包括梅毒、淋病、生殖道沙眼衣原体感染、尖锐湿疣、生殖器疱疹和艾滋病 6 种疾病。

（一）性传播疾病的危害

1. 威胁生命安全

性传播疾病如果没有及时治疗，会严重威胁患者的生命安全。例如，艾滋病患者因免疫力低下、严重感染而死亡；晚期梅毒患者因主动脉瘤破裂而死亡。

2. 产生巨大心理压力

性传播疾病对患者造成的心理伤害是非常大的，有时可能比性传播疾病本身造成的伤害更大。如果患者没有及时就医治疗，久而久之，其正常的生活会受到影响，患者容易精神萎靡，出现紧张、焦虑、自卑、抑郁等心理问题，严重时甚至会有自杀行为。

3. 破坏家庭与社会和谐

性传播疾病可能会导致患者家庭不和谐、社会交往减少、人格出现障碍，一些患者甚至会出现报复社会的状况。

（二）性传播疾病的预防

学生可采取以下措施来预防性传播疾病。

（1）洁身自爱。

（2）接种疫苗。接种疫苗能有效预防性传播疾病。例如，接种人乳头瘤病毒（HPV）疫苗，能够对部分性传播疾病起到一定的预防作用。

（3）避免血液接触。部分性传播疾病会通过血液或血制品进行传播。如果需要输血或使用血制品，必须到正规的医疗机构，采取正确的途径进行。

（4）注意个人卫生。确保房间清洁，搞好个人卫生。室内多通风，勤换贴身衣物。

（三）性传播疾病的应对

如果已经感染了性传播疾病，学生应采取以下措施来应对。

（1）如果出现相关症状，应及时到正规医院就诊，做到早发现、早诊断、早治疗。

（2）在未确诊前切勿盲目治疗。

四、预防与应对禽流感

禽流感是由禽流感病毒引起的人体急性呼吸道传染病。禽流感病毒会危害人体的呼吸系统，严重时还会诱发肺炎、急性呼吸窘迫综合征等疾病。

禽流感传染源主要为患禽流感或携带禽流感病毒的鸡、鸭、鹅等家禽。禽流感主要通过呼吸道传播，也可通过密切接触已感染的禽类及其分泌物或排泄物、受禽流感病毒污染的物品等传播。

（一）禽流感的危害

禽流感会产生以下危害。

（1）感染早期会出现高烧、流涕、鼻塞、咳嗽、咽痛、头痛、肌肉酸痛等症状。

（2）伴随有恶心、腹痛、腹泻等消化道症状。

（3）严重时会高热不退，病情发展迅速。

（4）大部分临床表现为明显的肺炎，伴有急性肺损伤、肺出血、胸腔积液、全血细胞减少、多脏器功能衰竭等多种并发症。

（二）禽流感的预防

为预防禽流感，学生应做到以下几点。

（1）当发生禽流感疫情时，应避免接触死亡的禽类，如图 6-3 所示。

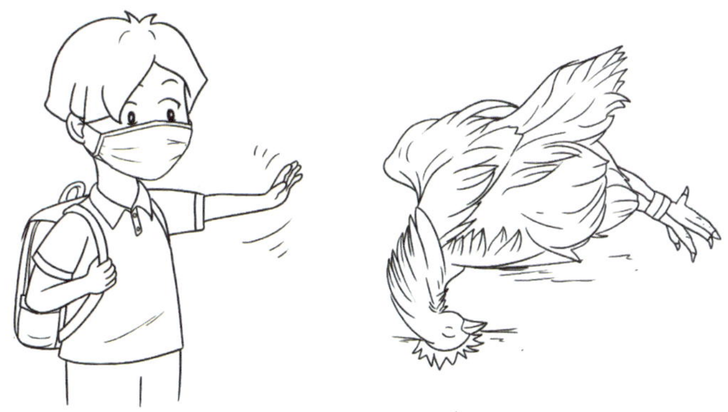

图 6-3 避免接触死亡的禽类

（2）当自己或他人出现感冒症状时，应及时就医。

（3）如有必要，应及时注射禽流感疫苗。

（三）禽流感的应对

禽流感具有很强的致病性和传染性。学生感染了禽流感后，应采取以下几点措施来积极应对。

（1）注意休息，多喝水，保证充足的睡眠，同时要补充一定的营养，以提高免疫力。

（2）服用抗病毒药物，积极进行抗病毒治疗。发病早期的抗病毒治疗效果较好，一般不会有任何后遗症。

（3）注意隔离，避免将禽流感传染给他人。

五、预防与应对肺结核

（一）肺结核的危害

肺结核是由结核分枝杆菌引起的慢性传染病。它常有低热、盗汗、乏力、咳嗽、咯血等症状，传染途径是带菌的飞沫或尘埃经呼吸道侵入。肺结核会造成人体肺功能损害，严重的肺结核患者还会出现结核性脓肿、毁损肺等并发症。

（二）肺结核的预防

（1）肺结核多发于慢性疾病患者或婴幼儿等免疫力低下人群。因此，易感人群应在医生的指导下按时接种卡介苗，预防肺结核的发生。

（2）保持良好的生活习惯，在人多的地方佩戴口罩，在公共场合避免随地吐痰，以切断肺结核的传播途径。

（3）注意饮食，多吃一些蛋白质含量高的食物和新鲜的蔬菜水果；同时，加强锻炼，可选择跑步等运动方式，以增强抵抗力。

（4）定期体检。这有助于及时发现肺结核，并尽早进行治疗，从而预防肺结核的散播。

（5）肺结核患者应积极治疗，并及时隔离，从而防止将肺结核传染给他人。

（三）肺结核的应对

若已经感染了肺结核，学生应在医生的指导下按时服用抗肺结核的药物，同时注意清淡饮食，保持良好的心态，保证充足的睡眠，争取早日康复。

六、预防与应对食物中毒

（一）食物中毒的危害与类型

食物中毒是指食用了含有毒有害物质或被有毒有害物质污染的食物后出现的急性、亚急性疾病。食物中毒通常都是在不知情的情况下发生的。患者主要出现恶心、呕吐、腹痛、腹泻等症状，并伴有发烧；吐泻严重的患者，还可能出现脱水、酸中毒，甚至休克、昏迷等症状。

根据病源的不同，食物中毒可分为细菌性食物中毒、真菌性食物中毒、化学性食物中毒、有毒动植物食物中毒 4 类，如表 6-1 所示。

表 6-1 食物中毒的类型

类型	定义	中毒原因
细菌性食物中毒	摄入被细菌或其毒素污染的食物而引起的中毒	① 禽畜在宰杀前就是病禽、病畜；② 食物加工场所卫生状况差，蚊蝇滋生；③ 从业人员携带致病细菌；④ 没有按要求低温运输、保存食物；⑤ 未将被污染的食物烧熟、煮透
真菌性食物中毒	摄入被某些真菌或其代谢物污染的食物而引起的中毒	食物发生霉变，出现变色、变质、有异味及表面有霉菌等现象
化学性食物中毒	摄入含有亚硝酸盐、砷化物等化学性有毒物质的食物而引起的中毒	① 食物被农药等化学制剂污染；② 食物中添加了禁止使用的添加剂；③ 食物储藏不当，造成营养素腐败、变质
有毒动植物食物中毒	摄入有毒动植物或因加工、烹调不当未能除去有毒成分的动植物食物而引起的中毒	① 食用有毒动物，如河豚、海胆等；② 食用有毒植物，如木薯、四季豆等

（二）食物中毒的预防

食物中毒对学生的身体健康具有一定的危害。学生应树立食物安全理念，掌握必要的食物安全知识，做到健康饮食，预防食物中毒事件的发生。

（1）养成良好的卫生习惯，饭前、便后要洗手。

（2）选择新鲜和安全的食物。购买食物时，要注意查看食物是否变质，食物包装袋上是否印有厂名、厂址、生产许可证号等信息。

（3）注意饮食卫生。蔬菜、水果等食物，一定要洗净后再吃；不要吃隔夜、变味的饭菜；不要食用腐烂、变质的食物或病死的禽、畜的肉；不在卫生条件较差的路边摊进餐。

（4）妥善处理装有消毒剂、杀虫剂的容器，防止误用消毒剂、杀虫剂而引起中毒。

急性食物中毒的急救方法

（三）食物中毒的应对

发生食物中毒事件时，学生可以采取以下应对措施。

1. 停止进食

进食过程中若出现腹胀、腹痛、恶心、呕吐等不适症状，应立即停止进食。

2．催吐

如果食物中毒发生在进食后的 2 小时内，可采用催吐的方法。如果中毒者行动不便，已无法自己催吐，施救者应使中毒者侧卧，防止中毒者的呕吐物堵塞呼吸道引起窒息，并用手指或筷子刺激中毒者舌根部催吐，直至其呕吐物为较澄清的液体。需要注意的是，若呕吐物中出现血丝，施救者应立即停止催吐，避免中毒者消化道损伤。催吐结束后，可以给中毒者喝水，为其补充水分。

3．导泻

如果中毒者食物中毒超过 2 小时，并且尚有行动能力，可服用适量泻药，将有毒食物排出体外。

4．就医

如果中毒者意识模糊，失去行动能力，施救者应立即将其送往医院。应当注意的是，发生食物中毒后，施救者应保存好中毒者的呕吐物（或排泄物）和吃过的食物，并将其交给医生用于检测，以方便医生进行诊治。

单元二　掌握急救处理方法

情景案例——积极应对校园中的意外伤害与突发急症

案例 1　某校学生王某在跑步时，不小心被绊倒在地，造成右手肘关节肿痛。事发后，学校立即把王某送到附近医院进行救治，并通知了其家长。医院检查后认为，王某的右手肘关节轻微骨折，并无大碍，因此只进行了简单处理。3 个星期后，王某右手肘关节处还是隐隐作痛，于是到市医院进行检查。市医院的骨科医生告知王某，其右手肘关节已经错位，需要立即进行手术。

案例 2　某班体育课上，老师组织学生集体慢跑。张某慢跑约 200 米后突然晕倒在地上，嘴唇发干，且脉搏微弱、反应迟钝。现场的老师迅速联系了校医院的医务人员，并拨打了 120。校医院的医务人员在 2 分钟内赶到现场，对张某实施了心肺复苏。经过 5 分钟的抢救，张某睁开了眼睛，随后被救护车送往了医院。由于施救及时，张某保住了性命，于一周后完全康复。

学生王某和张某在跑步时，均发生了意外。王某没有得到及时专业的救治，导致骨折更加严重；张某则因为及时治疗而保住了性命。因此，当出现意外伤害与突发急症时，一定要及时处理，将伤害程度降到最低。

请思考：你知道哪些常见的意外伤害与突发急症？你了解相应的急救处理方法吗？

常见的意外伤害有出血、软组织损伤、烧伤与烫伤、动物咬伤与蜇伤、中暑、骨折等，常见的突发急症有猝死、休克等。当学生出现意外伤害与突发急症时，进行及时有效的处理可以减少痛苦、挽救生命。

一、出血及其急救处理

（一）出血的分类与症状

出血是创伤后的主要并发症之一，可分为外出血和内出血两类。一般来说，成年人的出血量若达到全身总血量的 20%，就会出现面色苍白、头晕乏力、口渴等急性贫血的症状；若超过全身总血量的 30%，将危及生命。因此，当患者出现外出血，尤其是大动脉出血时，必须立即进行止血处理；当患者疑似出现内脏或颅内出血时，应尽快送往医院。

（二）止血的方法

止血的方法一般有以下 5 种。

1．一般止血法

该方法适用于毛细血管出血或伤口较小的外伤出血。由于伤口较小，血液流出后会自动凝结，因此只需要对伤口进行消毒处理，再进行简单的包扎。

2．抬高伤肢止血法

该方法适用于四肢出血。在排除骨折的可能性后，可以将伤肢举高，以高于心脏平面为宜，使伤口处血压降低，从而达到止血的目的。

3．指压止血法

该方法适用于头部和四肢某些部位的大出血。用手指压迫出血动脉的近心端，将动脉压向深部的骨头，阻断血液流通。这是一种不需要任何器械、简便有效的止血方法，但该方法止血时间短暂，所以常需要与其他方法结合进行。不同身体部位出血的动脉压迫方法具体如下。

- **额部、颞部出血：**用一只手扶住伤者的头并将其固定，另一只手的拇指在耳屏前上方一指宽处摸到颞浅动脉搏动后，将该动脉压迫在颞骨上，可止同侧额部、颞部出血。
- **眼以下面部出血：**在下颌角前约 1.5 cm 处摸到颌外动脉搏动后，用拇指将该动脉压迫在下颌骨上，可止同侧眼以下面部出血。

- **肩、腋部和上臂出血：** 在锁骨上窝内 1/3 处摸到锁骨下动脉搏动后，用拇指把该动脉压迫在第一肋骨上，可止同侧肩、腋部和上臂出血。
- **前臂和手部出血：** 将伤臂稍外展、外旋，在肱二头肌内缘中点处摸到肱动脉搏动后，用拇指或食、中、无名 3 指将该动脉压迫在肱骨上，可止同侧前臂和手部出血。
- **大腿和小腿出血：** 使伤者仰卧，将其受伤的腿稍微外展、外旋，在腹股沟中点稍下方摸到股动脉搏动后，双手拇指重叠，将该动脉压迫在耻骨上，可止同侧大腿和小腿出血。
- **足部出血：** 在踝关节背侧，于胫骨远端摸到胫前动脉搏动后，把该动脉压迫在胫骨上，或在内踝后方，将胫后动脉压迫在胫骨上，可止足部出血。

4. 绷带加压包扎法

该方法适用于静脉和毛细血管出血。先用数层无菌敷料覆盖伤口，再用绷带加压包扎，包扎的压力应适度，以达到止血的目的而又不影响肢体远心端血液运输为度（能摸到远心端动脉搏动且皮色无显著变化）。严禁将泥土、面粉等所谓“止血物”撒在伤口上，以免造成伤口污染。

5. 止血带止血法

该方法适用于四肢出血量较大的动脉出血。把止血带（也可用胶管、绳子、宽布条、三角巾或毛巾）扎在伤口的近心端，抑制动脉血流至伤口。若上肢出血，止血带应扎在上臂的上 1/3 处（见图 6-4），禁止扎在中段，以免损伤桡神经；若下肢出血，止血带应扎在中段。

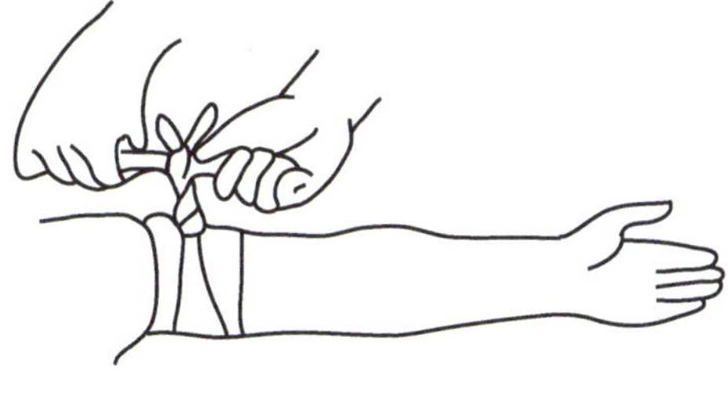

图 6-4 止血带止血法

注 意

上止血带前，要先将伤肢抬高，尽量使静脉血回流，并用敷料垫好局部，然后再扎止血带，以摸不到远心端动脉搏动为度。扎好止血带后，一定要做明显的标志，写明止血的部位和时间。每隔半小时到1小时必须放松一次，放松3～5分钟后再扎上，以防组织因长时间缺氧而坏死。放松止血带时，可暂用指压止血法止血。

二、软组织损伤及其急救处理

软组织是指人体的皮肤、皮下组织、肌肉、肌腱、韧带、关节囊、滑膜囊、神经和血管等。这些组织在受到外力作用时发生的机能或结构异常，称软组织损伤。软组织损伤分为开放性损伤和闭合性损伤两种。开放性损伤包括擦伤和撕裂伤等，闭合性损伤包括挫伤和肌肉拉伤等。

（一）擦伤及其急救处理

1. 什么是擦伤

擦伤的主要症状为皮肤被擦破出血或有组织液渗出，会产生一定的伤口。擦伤多发生于对抗性项目活动和摔倒等意外情况。

2. 擦伤的急救处理

当发生小面积轻度擦伤，且伤口比较干净时，学生只需要用碘伏涂抹即可。当发生大面积重度擦伤时，应先用生理盐水清洗伤口，然后涂抹碘伏，最后用纱布对伤口进行包扎，如图6-5所示。

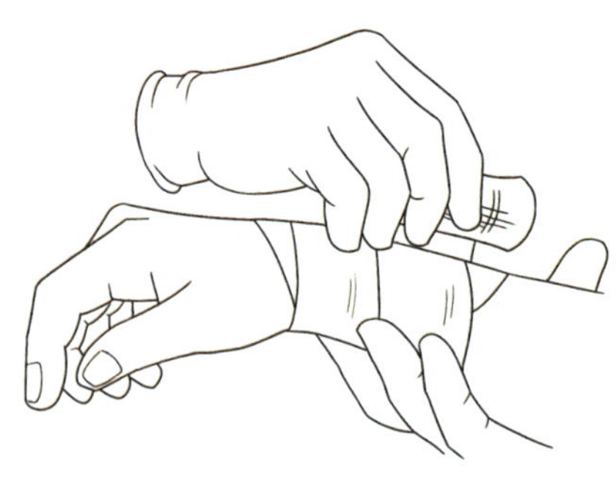

图6-5 用纱布对伤口进行包扎

（二）撕裂伤及其急救处理

1. 什么是撕裂伤

撕裂伤是指剧烈运动或突然受到强烈撞击时造成的肌肉撕裂，如眉际撕裂、跟腱撕裂等。撕裂伤的主要症状为伤口不整齐，并伴有周围软组织损伤。

2. 撕裂伤的急救处理

当出现轻度撕裂伤时，学生只需要用碘伏涂抹即可。当撕裂伤口较大时，应立即就医，让医生对伤口进行止血和缝合，必要时还应注射破伤风抗毒素，以防伤口感染。

（三）挫伤及其急救处理

1. 什么是挫伤

挫伤又称撞伤，是指皮肤受钝器打击或直接与硬物碰撞而引起的损伤。挫伤多发生在大腿、小腿、腹部及头部等部位。

挫伤的主要症状为局部疼痛、肿胀、瘀血、压痛和运动功能障碍。当内脏器官受损时，还会出现头昏、脸色苍白、心慌气短、出虚汗、四肢发凉、烦躁不安甚至休克等症状。

挫伤可分为单纯性挫伤和混合性挫伤两种类型。单纯性挫伤是指皮肤和皮下组织（包括皮下脂肪、肌肉、关节囊和韧带）的挫伤，如股四头肌的挫伤。混合性挫伤是指在皮肤和皮下组织受到挫伤的同时，还伴有其他组织器官的损伤，如头部挫伤伴有脑震荡或脑出血。

2. 挫伤的急救处理

当发生单纯性挫伤时，学生应立即对伤口进行冷敷、包扎并抬高伤肢，同时视情况到医院进行按摩和理疗等；进入恢复期后，可进行一些功能性锻炼。当发生混合性挫伤并出现休克时，应在急救处理后尽快把学生送到医院。

（四）肌肉拉伤及其急救处理

1. 什么是肌肉拉伤

肌肉拉伤是指肌肉主动强烈地收缩或被动过度地拉长所造成的肌肉细微损

伤、肌肉部分撕裂或完全断裂，是最常见的运动损伤之一。例如，学生在做引体向上、仰卧起坐等练习时，很容易发生肌肉拉伤。

发生肌肉拉伤后，受伤处会出现疼痛、肿胀、压痛、紧张或痉挛等症状。当肌肉拉伤较严重时，可听到断裂声，且会出现剧烈疼痛、肿胀明显、皮下瘀血、运动功能障碍、肌肉收缩畸形等症状。

2．肌肉拉伤的急救处理

当发生轻度肌肉拉伤时，学生应立即对伤口进行冷敷、包扎并抬高伤肢，同时视情况到医院进行按摩和理疗等。当肌肉部分或完全断裂时，学生在对伤口加压包扎后，应立即到医院检查和治疗。

三、烧伤与烫伤及其急救处理

（一）烧伤及其急救处理

1．什么是烧伤

烧伤是指热力、化学物质、电流等作用于人体后造成的特殊损伤。烧伤往往会留下疤痕和残疾，严重时会危及生命。可以通过烧伤面积占体表面积的百分比及烧伤深度衡量烧伤程度。对于儿童和老年人，即使烧伤面积和烧伤深度与年轻人相似，就伤情来讲也比年轻人严重得多。按烧伤深度的不同，烧伤主要有以下几种。

（1）Ⅰ度烧伤。浅表烧伤，主要伤及皮肤组织表皮层，以浅表组织为主。

（2）Ⅱ度烧伤。除伤及表皮层以外，还伤及真皮层。其中，伤及真皮浅层的烧伤称浅度Ⅱ级烧伤，伤及真皮深层的烧伤称深度Ⅱ级烧伤。

（3）Ⅲ度烧伤。主要伤及真皮层及皮下组织，如伤及皮下脂肪层或下方筋膜，甚至伤及肌腱、骨膜表面等。

2．烧伤的急救处理

常见的烧伤类型有热力烧伤、化学烧伤、电烧伤等。其中，热力烧伤是指由火所致的人体组织损伤；化学烧伤是指由接触强酸、强碱等化学物质所致的人体组织损伤；电烧伤是指由电流通过人体产生热效应所致的人体组织或器官损伤。

不同烧伤类型对应的急救措施如表 6-2 所示。

表 6-2 不同烧伤类型对应的急救措施

烧伤类型	急救措施
热力烧伤	（1）迅速移开燃烧的物体，若身上着火应立即脱去着火的衣物，用水浇灭火焰或迅速卧倒在地滚压灭火。切忌带火奔跑、呼喊，以免导致呼吸道烧伤或使得火借风势，越烧越旺 （2）若烧伤程度较轻，则可先清洗伤口，然后用湿毛巾冷敷，待疼痛感减弱或消失后，在伤口上涂抹烧伤油等。最后用干净的绷带、三角巾、衣服、床单等将伤口包扎起来，以免感染 （3）若烧伤程度较重或烧伤部位特殊（如脸部、呼吸道、生殖器等），则应立即到医院进行救治
化学烧伤	（1）迅速脱离污染物，并立即用自来水冲洗伤口 20～30 分钟；若污染物可与水发生反应，则应先用干毛巾擦去污染物，再用自来水冲洗伤口 （2）若伤到眼睛，应撑开眼睑并用大量的清水（最好是无菌水）持续冲洗 （3）若烧伤程度较深，则应立即到医院进行救治
电烧伤	（1）切断电源或用绝缘体将伤者与带电物分离 （2）当伤者失去知觉时，应先检查其呼吸和心跳。若呼吸或心跳停止，应立即就地实施心肺复苏 （3）电烧伤一般会带来较严重的体内损伤，因此应当立即将伤者送往医院进行救治

（二）烫伤及其急救处理

1. 什么是烫伤

烫伤是指由无火焰的高温液体、高温固体或高温蒸气等引起的组织损伤。根据烫伤的程度，可将烫伤分为 3 个级别。

（1）Ⅰ度烫伤。仅表皮层受伤，烫伤处局部皮肤轻度红肿，但无水疱。

（2）Ⅱ度烫伤。表皮层和真皮层均受伤，烫伤处局部皮肤红肿疼痛且出现水疱。

（3）Ⅲ度烫伤。伤及脂肪层、肌肉、骨骼，烫伤处呈灰色或红褐色。

2．烫伤的急救处理

不同烫伤级别对应的急救措施如表 6-3 所示。

表 6-3　不同烫伤级别对应的急救措施

烫伤级别	急救措施
Ⅰ度烫伤	（1）立即脱去衣服、鞋袜 （2）将无破损的伤口放在冷水中浸泡或用自来水冲洗 30 分钟左右 （3）在伤口上涂抹烫伤膏
Ⅱ度烫伤	（1）将无破损的伤口放在冷水中浸泡或用自来水冲洗 30 分钟左右 （2）用消毒后的针从水疱边缘刺破水疱 （3）在伤口上涂抹烫伤膏 （4）对伤口进行包扎
Ⅲ度烫伤	（1）用干净的布包扎伤口，并及时前往医院治疗 （2）切忌用冷水冲洗或浸泡伤口，以免引起皮肤溃烂，加重伤势；也不可在伤口上涂抹紫药水或烫伤膏，以免影响医生对伤情的判断 （3）若伤者因严重烫伤而出现心搏骤停、呼吸困难等症状，应立即实施心肺复苏

四、动物咬伤与蜇伤及其急救处理

学生在学校学习或外出游玩时，可能会遇到被蛇、蜈蚣等动物咬伤，被蝎子等动物蜇伤的情况。若不及时对伤口进行处理，后果不堪设想。因此，学生有必要掌握动物咬伤与蜇伤的急救处理方法。

（一）被蛇咬伤的急救处理

学生在参加户外活动或在野外游玩时，如果不慎被蛇咬伤，应立即进行急救处理。如果不知道蛇是否有毒，应按有毒处理。

（1）被蛇咬伤后要保持镇定，不可慌张奔跑，应限制伤肢活动，并将伤肢置于下垂位置，以减少毒素的吸收和扩散。

（2）立即用绳子、手帕、植物藤或布条等在伤口的近心端捆扎，阻断静脉回流，从而减少毒素的吸收和扩散。

（3）可用水或 1∶5 000 的高锰酸钾溶液反复冲洗伤口。

（4）可用火罐、吸引器等将毒液吸出。紧急情况下，急救者如果口腔无

破损，可直接用嘴吸出毒液，注意要边吸边吐边漱口。

（5）在伤口处划“一”字形或“十”字形小切口。用手由伤肢上部向下部、由四周向伤口不断挤压，促使毒液排出，也可用针刺排毒。同时，应尽快到医院进行治疗。

（二）被蜈蚣咬伤的急救处理

被蜈蚣咬伤的临床症状主要有局部红肿、疼痛，甚至局部坏死，同时伴有发热、呕吐、头痛、头晕等毒血症症状。学生被蜈蚣咬伤后，应立即进行以下急救处理。

（1）用肥皂水、小苏打水等碱性溶液冲洗伤口，以中和蜈蚣的酸性毒液。

（2）冲洗后对伤口进行包扎，切勿用碘酒等涂抹伤口。

（3）若伤口处剧烈疼痛，可适当口服止痛片，也可外敷或口服蛇药。

（4）若伴有毒血症症状，应到医院做进一步处理。

（5）若在野外被咬伤，可将鲜桑叶、蒲公英或鱼腥草捣烂后敷于伤口处。

（三）被蝎子蜇伤的急救处理

蝎毒毒性较大，被蝎子蜇伤后，会出现局部剧痛、红肿、发麻，伤口周围发黑、起水疱，以及头晕、心慌、恶心、呕吐、口舌发硬、出虚汗等症状，严重时会出现休克，甚至死亡。学生被蝎子蜇伤后，应立即进行以下急救处理。

图 6-6　用橡皮管绑扎伤口近心端

（1）若伤及四肢，应立即用绷带、布条、橡皮管等绑扎伤口近心端（见图 6-6），然后用镊子拔出伤口中留下的毒刺，最后用吸引器或火罐吸出毒液。

（2）用碱性液体（如肥皂水或 1∶5 000 高锰酸钾溶液）清洗伤口。

（3）若伤口周围出现红肿，可对其冷敷。

（4）多喝水，以利于排毒。若疼痛严重，应适当服用止痛片。

（5）应尽早到医院治疗。

案例点评

学生王某在假期干农活时，不慎被毒蛇咬到脚踝，伤口处有两个牙印，并伴有红肿。王某的父亲见状，赶紧找来绳子绑住王某的小腿，用嘴吸出其脚踝的毒液，接着对伤口进行了冲洗、涂药和包扎，并且在这个过程中请人拨打了120。最终，王某被及时送往医院。

点评 王某被毒蛇咬伤后，其父立即采取了正确的急救措施，避免了悲剧的发生。学生被动物咬伤后一定不要掉以轻心，应立即对伤口进行处理。如果情况严重，应马上到医院进行治疗。

五、中暑及其急救处理

（一）什么是中暑

中暑是指在高温、高湿度和通风不良的环境下，人体体温调节功能失调，体内热量过度积蓄，从而引发神经器官受损。中暑的一般症状有发热、脉搏快、瞳孔异常、意识丧失等。严重中暑也称热衰竭，其症状主要有四肢冰凉、过度出汗、恶心、呕吐、腹部或肢体痉挛、眩晕、头痛、意识丧失等。

（二）中暑的急救处理

发现同学中暑后，学生应采取以下几点应对措施。

（1）迅速将中暑同学转移到通风阴凉处，脱掉其鞋袜，解开其衣扣、皮带等，尽量使其平卧。

（2）用冷水浸泡过的毛巾敷在额头部位，有条件时可用风油精涂太阳穴等，以达到降温的目的。

（3）饮用凉开水、淡盐水、绿豆汤等消暑饮品，也可服用一些治疗中暑的药物。

（4）若中暑者昏迷，应立即拨打120。

安全贴士

如何预防中暑

（1）在教室中注意开窗通风或开空调降温等。

（2）合理安排作息时间，不宜在炎热的中午或强烈的日光下过多活动。

（3）天气炎热时，应穿单薄、宽松的衣服，多喝消暑饮品。

（4）有头痛、心慌等症状时，应立即到阴凉处休息、喝水。

六、骨折及其急救处理

（一）什么是骨折

骨折是指在外力作用下骨头的完整性和连续性遭到破坏。常见的骨折有肱骨骨折、尺骨骨折、桡骨骨折、手指骨折、小腿骨折和肋骨骨折等。

学生身体某部位受到直接或间接的剧烈撞击时，可能发生骨折。例如，摔倒时手臂直接撑地，可能会引起尺骨或桡骨骨折。

骨折的主要症状为骨折处肿胀，疼痛难忍，肢体失去正常功能，肌肉痉挛，骨折部位畸形等；严重的骨折还伴有出血、神经损伤和发烧，甚至休克等症状。

（二）骨折的急救处理

骨折后的应急处理

一旦发生骨折，学生切勿随意移动伤肢，应先用夹板或其他代用品固定伤肢，如图 6-7 所示。如果出现休克，应立即进行人工呼吸；如果伴有伤口出血，应进行止血，并及时送往医院治疗。

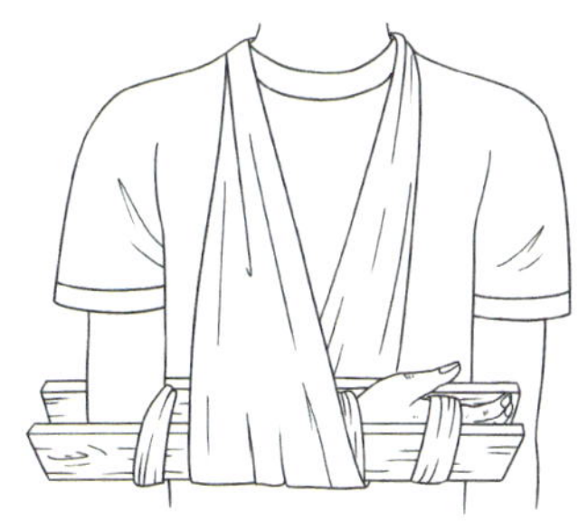

图 6-7 用夹板或其他代用品固定伤肢

七、猝死及其急救处理

（一）什么是猝死

猝死又称突然死亡，是指平时看起来健康或病情已基本恢复或稳定的患者，在很短的时间内突然发生意想不到的非创伤性死亡。多数人猝死前无明显预兆，但对于有过心绞痛发作史的患者，若其突发心绞痛，并伴随有脸色苍白、大汗淋漓、血压下降等症状，则有可能是猝死的预兆。此外，有些患者会出现原来没有的症状，如有明显的疲乏感、心悸、呼吸困难、精神状态突变等，随后由于心搏骤停，又表现为神志不清、发绀、痉挛、瞳孔异常，或者出现几次喘息样呼吸后进入临床死亡。

（二）猝死的急救处理

心脏停搏持续 3 分钟，可能出现脑水肿；心脏停搏持续 4～6 分钟，可能导致脑细胞产生不可逆性损伤。如果只是一味等着医务人员进行抢救，就有可能错过挽救生命的机会。心脏停搏后的 4 分钟是急救的黄金时间，及时实施心肺复苏对患者来说尤为重要。

心肺复苏简称 CPR，用于帮助心跳、呼吸骤停者恢复自主呼吸和血液循环，具体包括胸外心脏按压（Compression）、开放气道（Airway）和人工呼吸（Breathing）3 项技术，其顺序为“C—A—B”或“A—B—C”。对于成人，实施心肺复苏的顺序是“C—A—B”；对于婴儿、儿童和溺水者等，实施心肺复苏的顺序是“A—B—C”。心肺复苏的具体操作步骤如下。

1．检查呼吸与脉搏

拍打患者的双肩，大声呼唤患者。如果患者没有任何反应，则说明其已经失去意识，情况十分危急。此时，应将耳朵贴近患者的口鼻，判断其有无呼吸。同时，用食指和中指轻压患者的颈动脉 5～10 秒，检查患者的颈动脉是否搏动；或用手掌轻压患者的左胸口，检查患者的心脏是否正常跳动。

2．使患者保持仰卧体位

使患者仰卧在平地或木板上，头部与躯干保持在同一水平线上（头部不得高于胸部）。若患者俯卧或侧卧在地上，应一手扶住患者颈后部或后脑勺，一

手置于患者腋下，同时翻动患者的头部与躯干，将患者调整为仰卧体位。

3. 清理口腔异物和解开束缚物

迅速清理患者口腔内的异物（如脱落的假牙、口香糖、呕吐物等）。清理方法如下：双手扶住患者的头部，并使其头部偏向一侧，进而使其口腔内的液体状异物流出，其间还可以用手指掏取患者口腔内的异物。同时，应立即解开影响患者呼吸的领带、腰带等束缚物。

4. 进行胸外心脏按压

胸外心脏按压的具体要求如表 6-4 所示。

表 6-4　胸外心脏按压的具体要求

按压项目	具体要求
位置	胸骨中下 1/3 处，也就是两乳头连线的中点
动作	一手掌根紧贴在患者胸部，双手十指相扣，掌根重叠，手指上翘且不接触胸部，双上肢伸直，上半身前倾，以髋关节为轴，用上半身的力量垂直向下按压，确保每次按压的方向与胸骨垂直。按压与放松的时间大致相等，以确保胸廓充分回弹。减少按压的中断
深度	成人 5～6 cm，儿童 4～5 cm
频率	100～120 次/分钟
次数	每按压 30 次为 1 个循环（15～18 秒最佳），边按压边数数。在按压的同时观察患者的面部情况，如有好转立即停止（指压可回血，面色变红润）

5. 使呼吸道畅通，进行人工呼吸

丧失意识后，患者可能因舌头后坠而阻塞呼吸道，此时应采用仰头提颌法（见图 6-8）使其呼吸道保持畅通。在患者呼吸道畅通后，应及时对其进行人工呼吸，帮助其恢复自主呼吸。

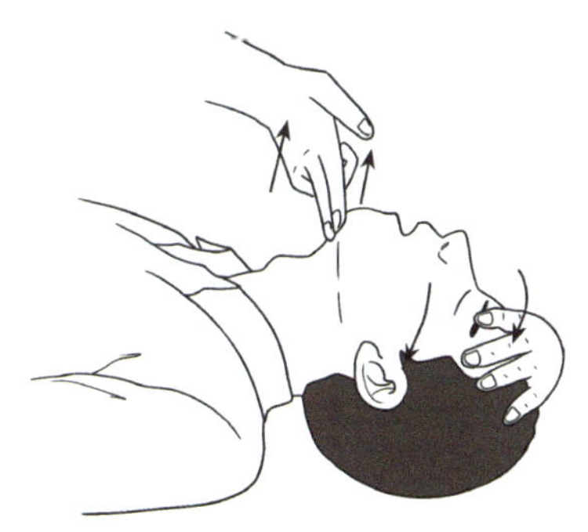

图 6-8　仰头提颌法

6. 循环进行胸外心脏按压和人工呼吸

在实施心肺复苏时，每做 30 次胸外心脏按压就做 2 次人工呼吸。重复 5 次上述动作后，检查患者的反应。若患者仍无反应，应重复上述步骤，直至医务人员赶到或患者恢复心跳与呼吸。

八、休克及其急救处理

（一）什么是休克

休克是人体遭受强烈的致病因素（如大出血、剧烈疼痛、过敏等）侵袭后，由于有效循环血量锐减，组织血流灌注严重不足，致使全身微循环功能不良，重要生命器官的机能代谢严重受阻的综合征。

发生休克时，通常会出现心率加快、脉搏微弱、面色苍白或青紫、表情呆滞、体温下降、反应迟钝甚至昏迷等症状，休克时间过长还可能会造成死亡。

（二）休克的急救处理

当学生发生休克时，现场人员应采取以下急救措施。

（1）立即拨打 120，尽量少搬动学生。

（2）让学生平卧，将其双脚垫高（见图 6-9），以增加脑部的血液供应，有条件时可给学生吸氧。

图 6-9　让学生平卧，将其双脚垫高

（3）如果学生呼吸困难，可将其头部和肩部垫高，以促进其呼吸；如果学生呼吸停止，应立即对其进行人工呼吸。

（4）注意保暖，给学生盖上毯子或被子，但不能使其过热。

（5）如果学生因受伤而出血，应立即止血。

要点回顾

本模块主要讲解了学生在校内外可能遇到的公共卫生安全事件，以及意外伤害与突发急症的急救处理方法。请同学们根据图 6-10 所示的思维导图来复习本模块介绍的安全要点，从而加深对本模块知识的理解。

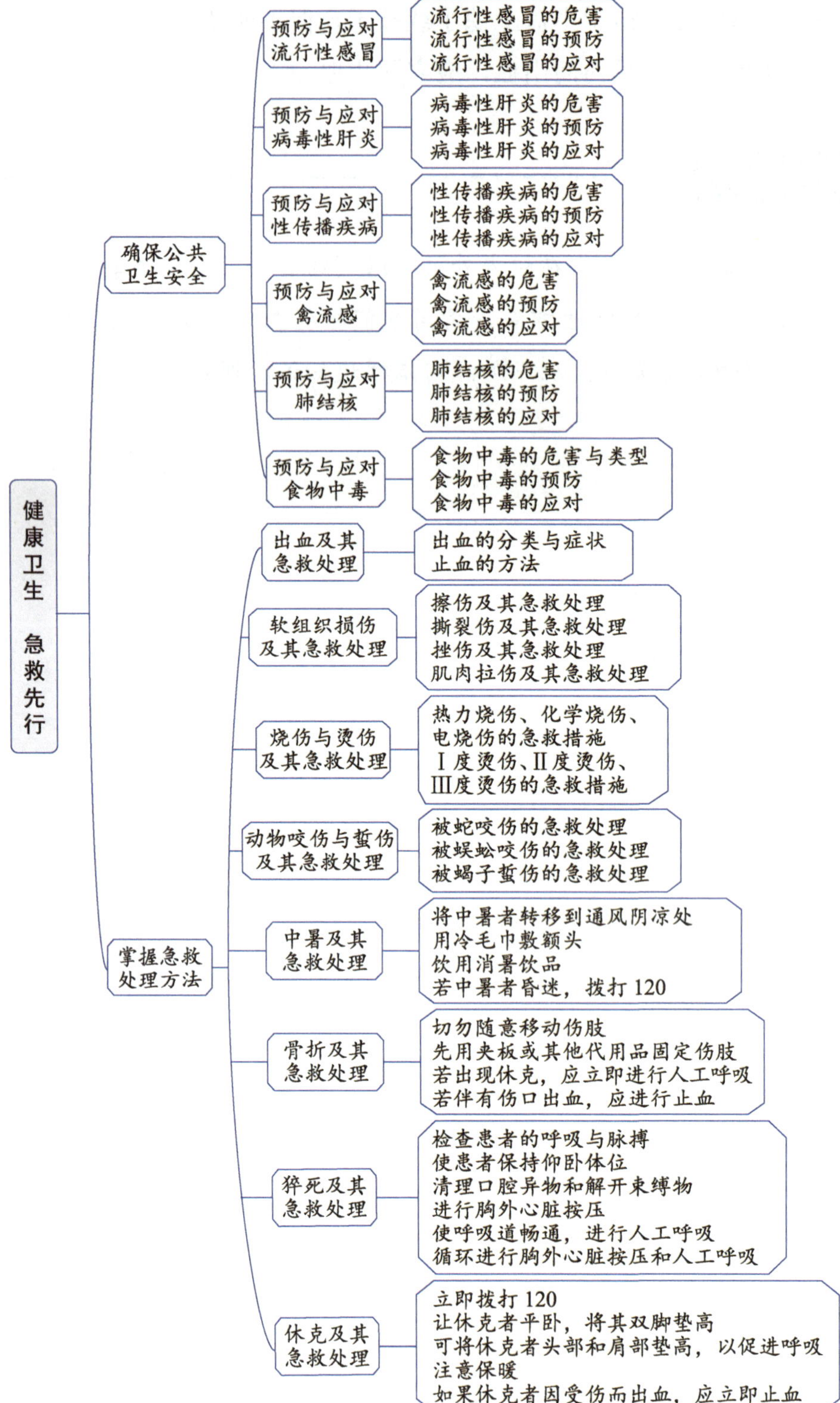
健康卫生 急救先行
确保公共卫生安全
预防与应对流行性感冒
流行性感冒的危害
流行性感冒的预防
流行性感冒的应对
预防与应对病毒性肝炎
病毒性肝炎的危害
病毒性肝炎的预防
病毒性肝炎的应对
预防与应对性传播疾病
性传播疾病的危害
性传播疾病的预防
性传播疾病的应对
预防与应对禽流感
禽流感的危害
禽流感的预防
禽流感的应对
预防与应对肺结核
肺结核的危害
肺结核的预防
肺结核的应对
预防与应对食物中毒
食物中毒的危害与类型
食物中毒的预防
食物中毒的应对
掌握急救处理方法
出血及其急救处理
出血的分类与症状
止血的方法
软组织损伤及其急救处理
擦伤及其急救处理
撕裂伤及其急救处理
挫伤及其急救处理
肌肉拉伤及其急救处理
烧伤与烫伤及其急救处理
热力烧伤、化学烧伤、电烧伤的急救措施
Ⅰ度烫伤、Ⅱ度烫伤、Ⅲ度烫伤的急救措施
动物咬伤与蜇伤及其急救处理
被蛇咬伤的急救处理
被蜈蚣咬伤的急救处理
被蝎子蜇伤的急救处理
中暑及其急救处理
将中暑者转移到通风阴凉处
用冷毛巾敷额头
饮用消暑饮品
若中暑者昏迷，拨打 120
骨折及其急救处理
切勿随意移动伤肢
先用夹板或其他代用品固定伤肢
若出现休克，应立即进行人工呼吸
若伴有伤口出血，应进行止血
猝死及其急救处理
检查患者的呼吸与脉搏
使患者保持仰卧体位
清理口腔异物和解开束缚物
进行胸外心脏按压
使呼吸道畅通，进行人工呼吸
循环进行胸外心脏按压和人工呼吸
休克及其急救处理
立即拨打 120
让休克者平卧，将其双脚垫高
可将休克者头部和肩部垫高，以促进呼吸
注意保暖
如果休克者因受伤而出血，应立即止血

图 6-10 思维导图

学习检验

一、填空题

（1）禽流感病毒会危害人体的__________________，严重时还会诱发__________________、急性呼吸窘迫综合征等疾病。

（2）出血可分为__________和__________两类。

（3）开放性损伤包括__________________和撕裂伤等，闭合性损伤包括_______________和肌肉拉伤等。

（4）心肺复苏包括____________、____________和人工呼吸 3 项技术。

（5）常见的烧伤类型有________烧伤、化学烧伤、________烧伤等。

（6）发生休克时，通常会出现__________、__________、面色苍白或青紫、表情呆滞、体温下降、反应迟钝甚至昏迷等症状。

二、判断题

（1）当自身有流行性感冒的症状时，应及时就医，同时应注意保暖，勤开窗通风，多喝水。（　　）

（2）可以与病毒性肝炎患者共用食具、漱口用具、脸盆、毛巾。（　　）

（3）当患者出现外出血，尤其是大动脉出血时，必须立即进行止血处理；当患者疑似出现内脏或颅内出血时，应尽快送往医院处理。（　　）

（4）如果急性腰部损伤患者出现剧烈疼痛，则应立刻将其背起送往医院。（　　）

（5）若患者因中暑而昏迷，则应将其转移到通风阴凉处，并拨打 120。（　　）

（6）一旦发现学生猝死，一定要使其呼吸道保持通畅，防止发生呼吸道疾病。（　　）

三、问答题

（1）简述心肺复苏的操作步骤。

（2）当发生食物中毒时，学生应如何应对？

（3）中暑的急救措施有哪些？

（4）如果出现休克，应如何实施急救？

学以致用——安全实践活动

一、实践背景

学生由于缺乏应对公共卫生事件的能力，以及对意外伤害与突发急症的急救处理能力，往往会使自己的人身安全受到威胁。掌握预防与应对公共卫生事件的措施和对意外伤害与突发急症的急救处理方法，可降低学生伤病甚至死亡的概率。

为了进一步保障公共卫生安全，更好地掌握意外伤害与突发急症的急救处理方法，全班学生分组开展“公共卫生安全与急救处理”情景模拟实践活动。

二、实践步骤

（1）将全班学生分成若干组，每组 7～8 人，并选出一名小组负责人。

（2）小组负责人组织小组成员，围绕“公共卫生安全与急救处理”话题编排剧情、写脚本。在此过程中，将问题及答案记录在下列空白处。

① 情景中涉及的安全问题。

② 上述问题的预防和应对措施。

（3）小组负责人分配人物角色，并组织小组成员进行排练。

（4）指导教师组织学生进行情景模拟比赛，各组上台表演。

学习评价

指导教师根据学生的实际学习成果对其进行评价，学生配合指导教师，完成表 6-5 所示的学习成果评价表。

表 6-5　学习成果评价表

评价项目	评价内容	分值	评价分数		
			自评	他评	师评
知识（40%）	流行性感冒与病毒性肝炎的预防与应对	5 分			
	性传播疾病与禽流感的预防与应对	5 分			
	肺结核与食物中毒的预防与应对	5 分			
	出血与软组织损伤的急救处理	5 分			
	烧伤与烫伤的急救处理	5 分			
	动物咬伤与蜇伤的急救处理	5 分			
	中暑与骨折的急救处理	5 分			
	猝死与休克的急救处理	5 分			
技能（40%）	实践中问题回答全面	10 分			
	情景模拟主题突出，生动形象	10 分			
	情景模拟编排合理，分工明确	10 分			
	顺利完成情景模拟	10 分			
素养（20%）	积极参加教学活动，主动学习、思考、讨论	5 分			
	认真负责，按时完成学习、实践任务	5 分			
	团结合作，与组员密切配合	5 分			
	具有正确的安全防范意识	5 分			
合计		100 分			
总评	自评（20%）+他评（20%）+师评（60%）= ________	综合等级：	指导教师（签名）：		

模块七　自然灾害　沉着应对

模块导读

洪涝、地震等都是来自大自然的威胁。对于自然灾害，虽然目前我们还无法阻止它的发生，甚至无法准确预知它何时到来，但是我们可以通过采取积极有力的应对措施，减少人身伤害及财产损失。本模块主要讲解如何应对各种常见的自然灾害。

学习目标

知识目标

- 掌握洪涝、雷电、高温等气象灾害的应对措施。
- 掌握崩塌、泥石流、地震等地质灾害的应对措施。

素质目标

- 增强自然灾害防范意识，提升自救能力。
- 培养安全至上意识、集体意识和责任意识，提升救护他人的能力。

单元一　应对气象灾害

情景案例——冷静应对气象灾害

案例　一天下午，小华和同学准备到校外吃晚饭。当他们走到学校门口附近的空地时，空中突然传来一声闷响。小华被雷电击中，倒地不起。他的同学马上通知了学校医务室。医务人员赶到后立即对小华进行了抢救，并及时将其送往医院，最终小华脱离了生命危险。

雷电属于气象灾害。学生在面对这类无法预知的气象灾害时，一定要保持冷静，及时采取科学、实用的应对措施，最大限度地保护自己及亲友的人身财产安全。

请思考：若遇到上述气象灾害，你会如何应对？从该事件中，你得到了哪些启示？

气象灾害是指天气或气候异常而引起的灾害，如洪涝、雷电、高温等。气象灾害是非常频繁的自然灾害，会危及人们的生命安全，同时造成严重的经济损失。学生应掌握正确的气象灾害应对方法。

一、洪涝的危害与应对

（一）洪涝的危害

洪涝是指由大雨、暴雨或持续降雨造成的低洼地区被淹没、积水等现象。洪涝主要有以下危害。

1．威胁生命安全

洪涝水势强劲，很容易冲走学生，使其生命安全受到威胁。

2. 污染水源

洪涝不仅会淹没厕所、垃圾堆等污染源，造成水源污染，还会破坏供水设施，使污染物进入其中。

3. 造成财产损失

洪涝会淹没房屋、道路和桥梁等，造成巨大的财产损失。

4. 引发疾病

洪涝会使人们因环境变差而感染疾病，如流感、麻疹和疟疾等。

（二）洪涝的应对

面对洪涝，学生应做到以下几点。

（1）给不便携带的贵重物品做防水处理，同时保存好通信设备，以便与外界保持联系。

（2）搜集木盆等可漂浮的物品，将其作为救生设备，以备急需。

（3）提前用盛水工具储存一些干净的饮用水。

（4）尽量多穿些衣服防寒保暖，并迅速撤离到地势高的地方或地基结构坚实的建筑物上，等待营救。

（5）若已落入水中，应迅速抓住周围可利用的漂浮物，并尽量远离洪水水道，以免被湍急的水流冲走；同时，也要远离漂浮着汽油、柴油的水域，以免引起呼吸道和肺部感染。

（6）下水救援落水者时，应从其背后靠近，托住其后颈，并采用仰泳的方式将落水者带到安全地点。注意不要被落水者拽住，否则双方都会有生命危险。

案例点评

某日，某市公安机关接到报警称，两名学生被困在当地水库泄洪区。救援人员带齐装备火速赶赴现场，发现被困学生站在距岸边 30 米的河中滩涂上。当时水流湍急，水位不断上涨，形势十分危急。

救援人员赶忙穿上救生衣，并携带绳索小心过河。经过 20 多分钟的救援，两名学生被成功转移至安全地点。救援刚结束，水位便猛涨了 30 厘米。

经了解，这两名学生相约到泄洪区游玩，不料上游因暴雨开闸泄洪，致使下游水位不断上涨。两人发现后已来不及上岸，只好站在滩涂上等待救援。

点评　洪涝等气象灾害有时是不可避免的。学生在游玩时，一定要选择安全的地点。当发现有危险突然来临时，一定不要慌乱，应想办法尽快逃离。若确定无法离开，应保持镇定，向周围的人或有关部门求救，并积极等待救援。

二、雷电的危害与应对

（一）雷电的危害

雷电一般产生于对流旺盛的积雨云中，因此常伴有强烈的阵风和暴雨，有时还伴有龙卷风和冰雹。

雷电伤人或毁物的事件时有发生。例如，雷电可使人体出现树枝状雷击纹，使皮肤表皮剥脱、皮内出血，造成耳鼓膜或内脏破裂等，甚至导致心跳、呼吸停止，脑死亡。

安全贴士

雷电伤人的方式

雷电伤人的方式有以下 4 种。

（1）直接雷击。人体是良好的导体，雷电直接击中人体时，电流可以从人的头顶直达两脚，然后流入大地。这会对人体造成严重的伤害，甚至会危及生命。

（2）产生接触电压。雷电所产生的电流通过高大的物体（如高楼、树木等）时，会使这些物体产生高达几万到几十万伏的电压。人站在这些带电物体旁边，并用手触及这些带电物体时，便会使手与脚两点之间产生电位差，该电位差即为接触电压。接触电压会对人体产生极大的危害。

（3）旁侧闪击。当雷电击中物体时，强大的电流会通过该物体泄放到大地中。如果人在该物体附近，雷电电流会在人头顶附近将空气击穿，再经人体泄放下来，此即旁侧闪击。旁侧闪击产生的强大电流会使人瞬间死亡。

（4）产生跨步电压。雷电击中地面时会产生电位场。越靠近雷击点，电位越高。如果此时人两脚所站地点的电位不同，电位差在人的两脚之间就会产生电压，即跨步电压。两脚之间的距离越大，跨步电压越大，伤亡的概率也越大。

（二）雷电的应对

遇到雷电天气时，学生应做好以下应对措施。

应对雷电天气的小常识

（1）关闭电器，拔掉电源插头，以防雷电从电源线入侵。

（2）不要靠近窗户，远离电灯线、电话线等可能引入雷电的电线。

（3）在没有安装避雷装置的建筑内，应避开自来水管、暖气管道等易导电物品。

（4）应尽量少洗澡，切记不要使用太阳能热水器。

（5）应尽量减少外出。

（6）在室外时，应尽量寻找低洼之处躲藏，或立即下蹲，降低身体高度。

（7）不要在空旷的野外停留，应尽量远离孤立的大树、高塔、电线杆、广告牌等。

安全贴士

被雷击中者的急救

人们往往会认为被雷击中者身上有电，因此不敢贸然上前抢救。其实这种观念是错误的。被雷击中者身上并不带电，而且如果只是受伤或休克，经及时抢救还有存活的可能。即使感觉不到他们的呼吸和脉搏，这也不一定意味着他们已经死亡。急救被雷击中者，可采取以下措施。

（1）发现有人被雷击中后，对于轻伤者，应该立即将其转移到附近避雨避雷处休息。

（2）对停止呼吸者及时进行人工呼吸。进行人工呼吸的时间越早，被雷击中者存活的可能性越大。

（3）对心脏停止跳动者进行心脏按压。如果能在4分钟内对被雷击中者实施心肺复苏，使其心脏恢复跳动，就有可能将其救活。

（4）如果一群人被雷击中，应先抢救那些已经晕厥的人。

（5）如果被雷击中者衣物着火，应马上让其躺下，以防火焰烧伤其面部。同时，可以通过向被雷击中者身上泼水，或者用厚的衣物、毯子把他们裹住等方法扑灭火焰。

（6）遭遇雷击后，即使感觉身体没事，也最好去医院做个检查，确认内脏、骨骼等未受到损伤。

三、高温的危害与应对

气温在35℃以上即可称高温。一般来说，高温有两种：一种是气温高、湿度小的干热性高温，另一种是气温高、湿度大的闷热性高温。高温会危害学生的身体健康，进而影响其学习和生活。

（一）高温的危害

高温主要有以下危害。

（1）使学生睡眠不足、食欲减退、免疫力下降。

（2）使学生因体温调节中枢功能出现障碍或汗腺功能衰竭而中暑。

（3）过强的紫外线容易导致皮肤病，严重时甚至导致皮肤癌。

（4）使学生血管扩张，血液黏稠度增加，进而引发脑出血、脑梗死、心肌梗死等疾病，严重时可能会导致死亡。

（二）高温的应对

学生可以采取以下措施来应对高温天气。

（1）若长时间处于室外高温环境中，应及时补充水分并注意防晒。

（2）作息规律，保证睡眠充足（见图 7-1），以提高免疫力。

图 7-1　保证睡眠充足

（3）适量饮用消暑的饮品，如绿豆汤、菊花茶等。

案例点评

某日中午，学生小周顶着烈日踢了两小时足球后，喝了半瓶冰镇矿泉水，随后感到头晕、恶心、浑身无力，于是前往医院就诊。

在医生的告知下，小周才知道自己中暑了。原来，人在大量出汗后喝冰水，易导致血管收缩，无法排汗，进而中暑。医生还叮嘱小周，大量出汗后不可直接对着空调吹，也不能冲凉水澡，否则容易引起血管痉挛，严重的还会引起休克、脑水肿，甚至危及生命。

点评　学生小周因缺乏对高温天气的应对常识而中暑。学生应避免在高温天气下进行室外活动，同时还应掌握预防中暑的安全常识，以保障自己的生命安全。

单元二　应对地质灾害

情景案例——冷静应对地质灾害

案例　某天，某校学生正在上课。突然，地面开始晃动，发生了地震。学生们先是陷入了骚动，随后很快就按照老师的要求，双手抱头蹲在桌子下面。晃动一停止，所有学生马上从前后门有序撤离。老师们在楼道和楼梯口进行疏散，引导学生到操场集合。最终，该校两千多名学生只用了两分钟就从教学楼全部撤离。据校方介绍，他们每个月都会不定期进行防震演练。

地震来临时，一定不要慌张，要知道自己该怎么做。学生要严格听从老师的安排和引导，撤离时要有秩序，不要拥挤，以免发生踩踏事件等。同时，学校要定期开展防震演练，只有这样，师生才能在地震来临时不手忙脚乱，保障自己和他人的安全。

请思考：若遇到上述地质灾害，你会如何应对？从上述案例中，你得到了哪些启示？

地质灾害是指自然因素或人为活动引发的，危害学生人身财产安全的，与地质作用有关的灾害，如崩塌、泥石流、地震等。每个学生都应该树立安全防范意识，在地质灾害来临时采取正确的应对措施。

一、崩塌的危害与应对

（一）崩塌的危害

崩塌是较陡斜坡上的岩土体在重力作用下突然脱离母体而崩落、滚动并堆积在坡脚（或沟谷）的地质现象。崩塌主要包括土崩、岩崩和山崩。崩塌的发生一般会有前兆，如崩塌体后部出现裂缝、崩塌体前缘掉块、小崩小塌不断等。崩塌的危害如下。

（1）崩塌发生时，学生可能因无法及时逃离而被埋在崩塌体下。此外，崩塌体可能直接撞击学生，使其受到严重伤害甚至死亡。

（2）崩塌会使建筑物遭到毁坏，使道路被掩埋，带来重大经济损失。

（二）崩塌的应对

（1）当崩塌即将发生或正在发生时，应迅速撤离。

（2）当遇到暴雨或持续降雨等可能引发崩塌的天气时，居住在崩塌多发地区的学生应临时撤离，待天气晴好后再返回。

（3）已发生崩塌时，不要在靠近崩塌山坡的房间内居住，应远离可能发生崩塌的危险区域，如图 7-2 所示。

图 7-2　远离可能发生崩塌的危险区域

二、泥石流的危害与应对

（一）泥石流的危害

泥石流是指在山区发生的，由暴雨、洪涝或其他自然灾害引发的，携带大量泥沙及石块的洪流。泥石流具有突发性，同时还具有流速快、流量大、破坏力强等特点。泥石流的流动有时会持续数小时。泥石流不但会造成巨大财产损失，还会威胁学生的人身安全。

（二）泥石流的应对

泥石流来了怎么办

为防止泥石流伤及自身，学生应从以下几个方面加以应对。

（1）在沿山谷徒步时，一旦遇到大雨，应迅速转移到安全的高地，不要在谷底过多停留。

（2）注意观察周围环境，一旦听到山谷中有打雷般的声响，应高度警惕，因为这很可能是泥石流发生的前兆。

（3）发现泥石流后，应立即向与泥石流方向垂直的两侧山坡高处爬，绝对不能往泥石流的下游走。

（4）若在野外露营，应选择平整开阔的高地作为营地，一定不要在山谷和河沟附近搭营。

三、地震的危害与应对

（一）地震的危害

地震是地壳在快速释放能量过程中发生振动，并产生地震波的自然现象。地震波发源的地方称为震源。震源在地面上的垂直投影点称为震中。震中到震源的深度称为震源深度。震源深度越小，破坏性越大，但波及范围越小。

地震的破坏性极强。较大的地震发生时，在一段时间内往往伴随一系列余震，不但会使建筑物倒塌，造成严重的经济损失，而且会导致大量人员伤亡。此外，地震还会引发次生灾害，如火灾、瘟疫等。

地震前兆

（1）地下水异常。地震前，地下岩层会受到挤压或拉伸，使地下水位上升或下降。地壳内部的气体和某些物质随水溢出，导致地下水冒泡、浑浊、变味等。

（2）动物异常。地震前，动物大多显得烦躁不安。例如，牛、马赶不进圈、嘶叫不止，狗狂吠不止，鸭不下水等。

（3）气象异常。地震前，气象异常指天气闷热、久旱不雨或阴雨绵绵、黄雾四散、日光晦暗、怪风狂起、气温骤降等。

（4）电磁异常。地震前，电磁异常指家用电器（如电视机）出现失灵现象，以及电机设备工作不正常，如微波站异常、电子闹钟失灵等。

（二）地震的应对

观察到地震前兆时，学生应做好防震的相关准备，如明确地震时的疏散路线和避震场所、清除楼道和门前的杂物、妥善处置室内易燃易爆物品等。

地震发生时，学生应从以下几个方面加以应对。

（1）严格听从现场人员的指挥，不要慌乱，有序撤离到空旷的地方，等待救援。

（2）如果来得及，应切断电源、熄灭炉火等，防止火灾发生，同时将门打开，确保出口畅通。

（3）无法撤离时，如果在教室，应就近躲在书桌下；如果在宿舍，应躲在书桌下或墙角。注意不要躲在外墙窗下、电梯间，更不要跳楼，这些都是十分危险的。

（4）若身在室外，可原地蹲下，双手保护头部，注意避开高大建筑物和存有易燃易爆物品的场所；同时，应尽量远离易碎物品，以防被扎伤。

（5）如果在工厂实习，应就近蹲在大型机床和设备旁边，但要注意离开有电源、气源、火源、热源的危险区域。

（6）如果在行驶的客车、电车或火车内，应抓牢扶手，避免摔伤和碰伤，同时要注意躲避掉下来的行李。在靠近走道的座位上时，可用双手护住后脑，并抬膝护腹，紧缩身体。待震感不强烈时，应迅速下车向开阔地转移。

（7）若被倒塌建筑物压埋，应寻找逃生通道，设法逃离险境。可朝着有光亮、更安全宽敞的地方移动。

（8）若一时无法脱险，要注意保存体力，积极等待救援，不要盲目地大声呼叫。

互动空间

全班学生分组开展“你画我猜”安全小游戏。每组推选一人为猜词者，其他人轮流按照老师给出的突发性自然灾害名称进行比画，最后由小组成员共同总结出应对这些突发性自然灾害的措施。

要点回顾

本模块主要讲解了学生可能遇到的一些自然灾害及其应对措施。请同学们根据图 7-3 所示的思维导图来复习本模块介绍的安全要点，从而加深对本模块知识的理解。

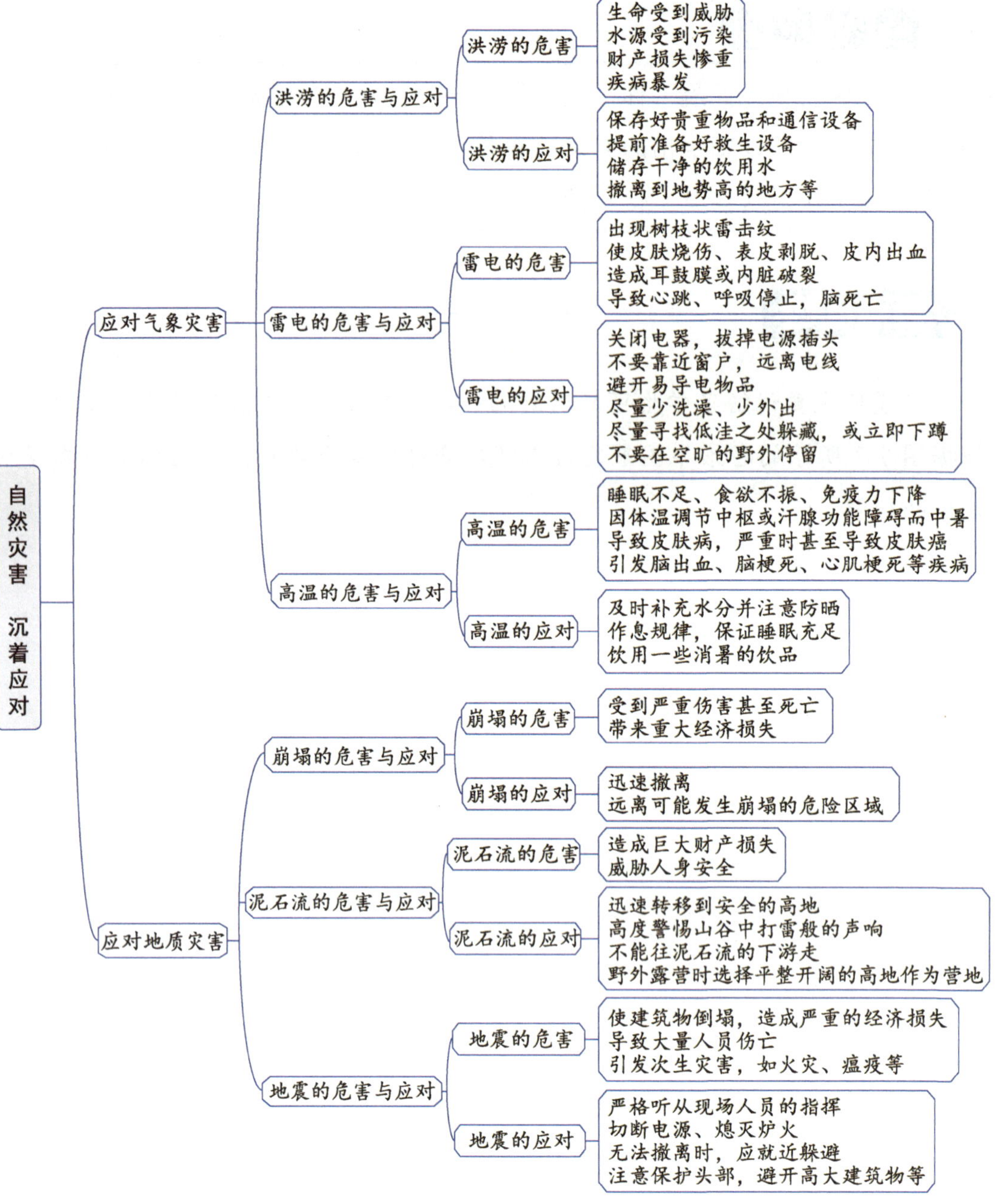
自然灾害 沉着应对
应对气象灾害
洪涝的危害与应对
洪涝的危害
生命受到威胁
水源受到污染
财产损失惨重
疾病暴发
洪涝的应对
保存好贵重物品和通信设备
提前准备好救生设备
储存干净的饮用水
撤离到地势高的地方等
雷电的危害与应对
雷电的危害
出现树枝状雷击纹
使皮肤烧伤、表皮剥脱、皮内出血
造成耳鼓膜或内脏破裂
导致心跳、呼吸停止，脑死亡
雷电的应对
关闭电器，拔掉电源插头
不要靠近窗户，远离电线
避开易导电物品
尽量少洗澡、少外出
尽量寻找低洼之处躲藏，或立即下蹲
不要在空旷的野外停留
高温的危害与应对
高温的危害
睡眠不足、食欲不振、免疫力下降
因体温调节中枢或汗腺功能障碍而中暑
导致皮肤病，严重时甚至导致皮肤癌
引发脑出血、脑梗死、心肌梗死等疾病
高温的应对
及时补充水分并注意防晒
作息规律，保证睡眠充足
饮用一些消暑的饮品
应对地质灾害
崩塌的危害与应对
崩塌的危害
受到严重伤害甚至死亡
带来重大经济损失
崩塌的应对
迅速撤离
远离可能发生崩塌的危险区域
泥石流的危害与应对
泥石流的危害
造成巨大财产损失
威胁人身安全
泥石流的应对
迅速转移到安全的高地
高度警惕山谷中打雷般的声响
不能往泥石流的下游走
野外露营时选择平整开阔的高地作为营地
地震的危害与应对
地震的危害
使建筑物倒塌，造成严重的经济损失
导致大量人员伤亡
引发次生灾害，如火灾、瘟疫等
地震的应对
严格听从现场人员的指挥
切断电源、熄灭炉火
无法撤离时，应就近躲避
注意保护头部，避开高大建筑物等

图 7-3　思维导图

学习检验

一、填空题

（1）洪涝是指由大雨、暴雨或持续降雨造成的低洼地区____________、积水等现象。

（2）遇到雷电天气时，学生应关闭电器，拔掉____________，以防雷电从电源线入侵。

（3）气温在____________以上时即可称高温。一般来说，高温有两种：一种是气温高、湿度小的____________________，另一种是气温高、湿度大的____________________。

（4）____________是较陡斜坡上的岩土体在重力作用下突然脱离母体而崩落、滚动并堆积在坡脚（或沟谷）的地质现象。

（5）若在野外露营，则应选择平整开阔的____________作为营地，一定不要在山谷和河沟附近搭营。

（6）地震波发源的地方称为____________。__________在地面上的垂直投影点称为____________。

二、判断题

（1）打雷时可躲在带有烟囱的房子当中。（　　）

（2）已发生崩塌时，不要在靠近崩塌山坡的房间内居住，应远离可能发生崩塌的危险区域。（　　）

（3）洪涝来临前，学生应保存好通信设备，以便与外界保持联系。（　　）

（4）地震发生时，不管震感多强烈，都应及时撤离到空旷的地方，等待救援。（　　）

（5）地震发生时，若被倒塌建筑物压埋，应寻找逃生通道，设法逃离险境。可朝着有光亮、更安全宽敞的地方移动。（　　）

三、问答题

（1）洪涝有哪些危害？

（2）学生应如何应对高温天气？

（3）学生应如何应对雷电天气？

（4）地震发生时，学生应如何应对？

学以致用——安全实践活动

一、实践背景

自然灾害往往会造成严重的群体性伤亡，给学生的学习和生活带来难以想象的破坏。学生若缺乏安全防范意识和相对专业的紧急避险知识，一旦面对突发自然灾害，很可能无法保持冷静的头脑，无从保障自己和他人的生命、财产安全。

为了进一步了解自然灾害的应对措施，保障自己和他人的生命、财产安全，全班学生分组开展“自然灾害的危害与应对”调查实践活动。

二、实践步骤

（1）将全班学生分成若干组，每组 7～8 人，并选出一名小组负责人。

（2）小组负责人进行任务分配，包括在网上查找相关资料或进行实地调查。调查内容包括一些常见的自然灾害，以及这些自然灾害的危害与应对方法。小组成员在调查结束后进行汇总、整理，将问题及答案记录在下列空白处。

① 常见的自然灾害。

② 上述自然灾害的危害与应对方法。

（3）各组将本组调查的相关资料、解决办法等制成 PPT，并选一人进行讲解汇报。

（4）各组汇报结束后，指导教师可引导学生对突出的安全问题进行讨论，并总结出切实可行的解决办法。

学习评价

指导教师根据学生的实际学习成果对其进行评价，学生配合指导教师，完成表 7-1 所示的学习成果评价表。

表 7-1 学习成果评价表

评价项目	评价内容	分值	评价分数		
			自评	他评	师评
知识（40%）	洪涝的危害与应对	7 分			
	雷电的危害与应对	7 分			
	高温的危害与应对	7 分			
	崩塌的危害与应对	7 分			
	泥石流的危害与应对	6 分			
	地震的危害与应对	6 分			
技能（40%）	顺利完成调查实践任务	10 分			
	实践中问题回答全面	10 分			
	PPT 制作精美，主题突出	10 分			
	汇报流畅，内容丰富、生动	10 分			
素养（20%）	积极参加教学活动，主动学习、思考、讨论	5 分			
	认真负责，按时完成学习、实践任务	5 分			
	团结合作，与组员密切配合	5 分			
	具有正确的安全防范意识	5 分			
合计		100 分			
总评	自评（20%）+他评（20%）+师评（60%）= ________	综合等级：	指导教师（签名）：		

参考文献

[1] 侯再刚，马强，刘富强．中职生安全教育［M］．北京：中国人民大学出版社，2023．

[2] 文武，段宜虎，邓向军．中职生安全教育［M］．长沙：湖南大学出版社，2024．

[3] 马超，孙先剑，侯明新．中职生安全教育［M］．北京：北京理工大学出版社，2022．

[4] 申鸿伟．校园安全教育［M］．长沙：中南大学出版社，2022．

[5] 黄从荣，等．中职生安全教育［M］．北京：中国人民大学出版社，2022．

[6] 邓廷奎．中职生安全教育［M］．北京：北京理工大学出版社，2023．

[7] 鲁云，王坤．中职生安全教育［M］．2 版．北京：北京理工大学出版社，2024．

[8] 江仁赞．中职生安全教育［M］．北京：北京邮电大学出版社，2022．

[9] 王晓全，等．中职生安全教育读本［M］．北京：中国人民大学出版社，2020．